改訂版

大学入学**共通テスト**

生物基礎

の点数が面白いほどとれる本

駿台予備学校講師
伊藤和修

JN049134

＊この本は，小社より2020年に刊行された『大学入学共通テスト　生物基礎の点数が面白いほどとれる本』に、最新の学習指導要領と出題傾向に準じた加筆・修正を施し、令和7年度以降の大学入学共通テストに対応させた改訂版です。

＊この本には「赤色チェックシート」がついています。

はじめに

▶大学入学共通テスト『生物基礎』はどんな試験？

　大学入学共通テスト『生物基礎』では，知識や技能に加えて思考力や判断力が要求されます！

「思考力って何ですか？　どうやったら身に付きますか？」

そういう不安を感じるのはごもっともです。思考力や判断力という言葉は，雰囲気は何となくわかるけど，具体的にどんなものなのかわかりませんよね。

▶思考力や判断力を伸ばせるような書籍を作りました！

　思考力や判断力を確実に伸ばせる参考書や問題集が必要となります。

(1)　思考力や判断力は，質の高い知識の上に成立します。

　⇒　理解を伴わない丸暗記，興味や関心をもたずに嫌々詰め込んだ知識などは，ちょっと切り口を変えられた問題が出題されたら，役に立たないレベルの知識です。

　　本書は，生徒キャラとの会話形式の文章を挟みながら，読者の皆さんに興味をもってもらえるような工夫を随所に施してあります。さらに，「なるほど！そうなんだ，すごいなぁ！」と思ってもらえるように書かれています。

(2)　思考力や判断力は，論理的な作業のくり返しで伸ばせます。

　⇒　「よく考えよう！」「ちゃんと読もう！」というような威勢のよい掛け声や「集中っ!!」というような気合いや根性でどうにかなるものではありません。

　　本書は，「こういうときは，●●に注意しよう！」「グラフは，△△に注意して…」というように，具体的なポイントを示しています。思考力，考察力というのは，論理的な作業を素早く進められる力なんですね。本書の後半では，このような力を効率よく鍛えられる問題が掲載されています。

▶**受験生へのメッセージ**

　「知識を詰め込めばよい」という誤ったイメージをもたれがちなのが『生物基礎』です。突然「思考力を要求する」と言われて不安になっている多くの受験生の皆さんを，楽しく，正しく，最短ルートで高得点に導くことのできる書籍になったと自負しています。

　文章の雰囲気はユルイ感じで読みやすく，しかし，内容は極めて真面目に書かれています。安心して，この1冊に取り組んでください。そして，皆さんが高得点をゲットし，第一志望の大学に合格されることを願っています！

　最後になりますが，本書を作成する上で大変お世話になりました㈱KADOKAWA の小嶋康義様，いつも原稿を美しく仕上げて下さる田辺律子様に，この場を借りて御礼申し上げます。

伊藤　和修

もくじ

第1章　生物の特徴

第2章　遺伝子とそのはたらき

第3章　生物の体内環境

第4章　植生の多様性と分布

第5章　生態系とその保全

第6章　「考察力」をアップするスペシャル講義

本文デザイン
　　　長谷川有香（ムシカゴグラフィクス）
イラスト
　　　たはら ひとえ

この本の特長と使い方

会話文には皆さんの疑問や暗記を助ける知識もありますので，楽しみながら読んでください。

えっ!?　この図の何を覚えたらいいんですか？

　覚えないといけない用語はそんなにありませんよ！　流れをイメージできればOKです。では，コツコツ学んでいきましょう。
　分裂期は染色体の見た目などによって，**前期**，**中期**，**後期**，**終期**という4つの時期に分けられます。

 S期に複製された2本のDNAどうしは，分裂期の中期まではずっと離れずに存在しています！

これは，本当に重要なことです！

教科書でも見る重要図版の中でも特に重要な図版をたくさん掲載しています。

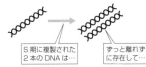

S期に複製された2本のDNAは…

ずっと離れずに存在して…

接着した状態のまま凝縮し，染色体として観察される状態になります！

…ってことは，この染色体 にはDNAが2本含まれているんですね！

　その通り！　しかも，この染色体 には含まれているDNAは複製によってできた同じ塩基配列をもつ2本のDNAなんだよ！　これを踏まえて，分裂期について整理しよう。

① **前期**…核膜が消失する。核内に分散していた染色体が凝縮してひも状になり，光学顕微鏡で見えるようになる。
② **中期**…染色体が中央部（赤道面）に並ぶ。
③ **後期**…2本のDNAからなる染色体が分離し，均等に1本のDNAを含む状態となり，両極に移動する。
④ **終期**…凝縮していた染色体が再び分散し，核膜が形成される。また，細胞質が2つに分けられる。

重要な項目はしっかりと赤囲みでまとめています。解説文とあわせて読んでください。

共通テスト「生物基礎」の中での必要な知識を，その背景を整理しながらまとめています。単に暗記するのではなく，理解しながら覚えられるように構成しています。また，解説を読んだうえで問題に取り組み，実際の共通テストの形式での知識の使い方に慣れていきましょう。これで本番でもしっかり得点が取れます！

チェック問題1　　　　基本　1分

真核生物の体細胞分裂の間期に関する記述として適当なものを，次の①〜④のうちから一つ選べ。
① S期では，DNA量は変化せず，DNA合成の準備が行われている。
② S期では，半保存的に複製されたDNAが娘細胞に均等に分配される。
③ G₁期では，DNAが半保存的に複製されて細胞1個あたりのDNA量は分裂直後の2倍になる。
④ G₂期では，細胞1個あたりのDNA量は分裂直後の2倍になっており，分裂の準備が行われている。

(オリジナル)

解答・解説

④

G₁期はDNA合成準備期，S期はDNA合成期，G₂期は分裂準備期です。よって，DNAが半保存的に複製されるのはS期なので，①〜③はどれも**誤り**です。S期に引き続いてG₂期に進むので，G₂期では細胞1個あたりのDNA量は分裂直後（G₁期）の2倍になっています。

G₁期，G₂期の「G」は**隙間**という意味のgapの頭文字なんだよ。分裂期が終わってからS期に入るまでの隙間の時期がG₁期…というイメージだね！

直前の解説文の内容が理解できていれば十分に解けるはず！　間違えたときは直前の解説文も読むようにしましょう。

第**2**章　遺伝子とそのはたらき

生物の多様性と共通性

1 生物の多様性

地球上には様々な生物がいるよね！

　現在，地球上には約190万種もの生物が確認され，名前がつけられています。実際には，発見されていない生物が多くいるので，実際の種の数は数千万を超えるともいわれているんですよ。

「種」って，何かわかるかな？

「種」というのは生物を分類（←グループ分けすること）する際の基本になる単位で，一般には同じ種どうしであれば子孫を残していくことができます。

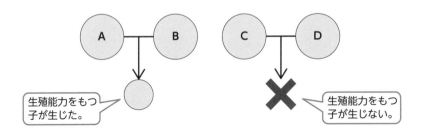

生殖能力をもつ子が生じた。

生殖能力をもつ子が生じない。

AとBは同じ種，CとDは別の種ですね！

2 生物の共通性

ヒト，サクラ，大腸菌の共通点は何かな？

　地球上には多様な生物が生息していますが，すべての生物に共通する特徴がいくつもあります。代表的なものを次のページに列挙します！

① 細胞で，できている。
② DNA をもち，子孫を残せる。
③ エネルギーを利用し，代謝を行う。
④ 体内の状態を一定に保つしくみをもつ。

後の章で
詳しく説明
します！

ウイルスっていうのは，生物なんですか？

　ウイルスは生物としての特徴の一部だけをもつものなので，一般には生物として扱われません。しかし，「生物と無生物の中間的な存在」という微妙な存在として扱われることもあります。

3 生物の多様性と進化

こんなに多くの種がいるのは，なぜかな？

　長～い，長～い時間をかけて世代を経ていくなかで，生物は少しずつ変化してきました。これを進化（しんか）といいます！　生物は進化の過程で，祖先にはなかった新しい形質を獲得し，様々な環境に生活の場を広げてきました。その結果として，地球上には，様々な種が存在するんですよ。
　ある種は陸上での生活に適応し…，別の種は水中での生活に適応し…，というようにです。

この図を見たことがあるかな？

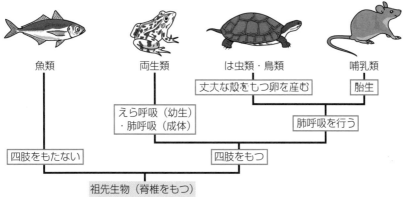

前ページの図を系統樹（けいとうじゅ）といいます。生物が進化してきた道筋のことを系統といいうんですが，これを樹木のような図で表現したものが系統樹です。わかりやすいでしょ？　この図を見ると，私たち哺乳類にとって，は虫類は魚類よりも近縁だということが一目瞭然！

　また，動物以外の生物も含めてつくった系統樹が下の図です。この系統樹からわかる通り，地球上に見られるすべての生物は，共通の祖先から進化してきたと考えられています。

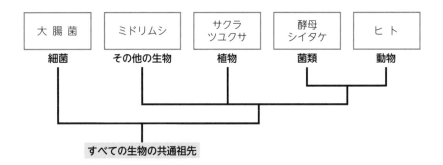

2 細胞の構造

1 原核細胞と真核細胞

どんな原核生物を知っていますか？

　細胞には核をもたない**原核細胞**と，核をもつ**真核細胞**があります。原核細胞でできた生物が**原核生物**，真核細胞でできた生物が**真核生物**です。原核細胞は核をもたないだけでなく，葉緑体やミトコンドリアなどの**細胞小器官**ももっていません。

　原核生物の代表例としては**大腸菌**，**ユレモ**などの**細菌**があります。ユレモは，**シアノバクテリア**とよばれるグループに属しており，葉緑体をもっていませんが，光合成をします！

　大腸菌は右の図のような構造をしています。多数の短い毛が**線毛**，数本の太くて長い毛が**べん毛**です。

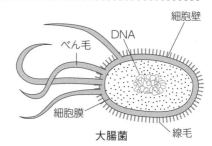

大腸菌

2 真核細胞の構造

まずは，植物細胞と動物細胞の模式図を見てみましょう！

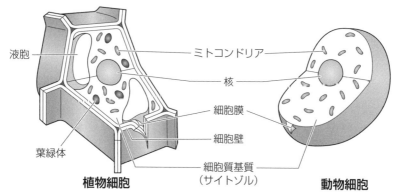

植物細胞　　　　　　　　　　　　　　動物細胞

細胞は**細胞膜**に包まれています。これは原核細胞でも同じですね。細胞膜は厚さが5〜10nmほどで，細胞膜を通って様々な物質が細胞に出入りしています。ちなみに，**1mm＝1000μm**（マイクロメートル）**＝1000000nm**（ナノメートル）という関係ですよ。

植物細胞や多くの原核細胞では細胞膜の外側に**細胞壁**があります。細胞壁は，細胞の保護，細胞の形の維持などのはたらきを担っています。

植物の細胞壁の主成分はセルロースという炭水化物。
「-ose」は糖（炭水化物）という意味だよ！
グルコース，リボース，デオキシリボースなどがあるね。

❶ 核

真核細胞には，ふつう1個の**核**があります。核の中にはDNAがあり，DNAはタンパク質と結合して**染色体**の状態で存在しています。染色体は**酢酸オルセイン溶液**や**酢酸カーミン溶液**で染色できますね。

❷ 細 胞 質

細胞の核以外の部分を**細胞質**といいます！　細胞質にはミトコンドリアなどの細胞小器官があり，それらの間を**細胞質基質**（サイトゾル）という液体が満たしています。細胞質基質は水やタンパク質のほか，様々な物質を含み，流動性があるので，その流れにのって細胞小器官が動いている様子を観察することができます。

●ミトコンドリア

ミトコンドリアは長さが1〜数μmで，**呼吸**（⇒p.26）によって有機物を分解してエネルギーを取り出すはたらきをしています。

「mitos-」は糸，「khondros」は粒っていう意味。ミトコンドリア（mitochondria）は糸状または粒状など様々な形をとる細胞小器官だよ！

●葉 緑 体

葉緑体は直径が5〜10μmの紡錘形や凸レンズのような形をしており，**光合成**（⇒p.26）を行っています。葉緑体にはクロロフィルっていう緑色の色素があるので，緑色に見えるんです。

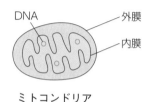

ミトコンドリア

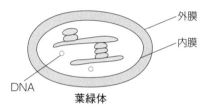

葉緑体

● **液　胞**

　液胞は膜で包まれた細胞小器官で，内部は
細胞液という液体で満たされています。細
胞液には糖や無機塩類などが含まれていて，
成長した植物細胞では特に大きくなります
（右の図）。植物によっては**アントシアン**と
いう赤・青・紫色の色素が含まれています。

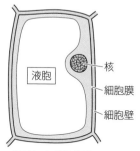

成長した植物細胞

確かに，シアン（cyan）って青色ですもんね！

3 細胞の構造のまとめ

どの生物がどんな細胞小器官をもつのか整理しましょう！

　どの生物がどんな細胞小器官をもつのかについて，代表的な生物について表
にまとめておきます。

　なお，大腸菌やユレモは細菌で原核生物。酵母は菌類というグループに属し
ているカビ・キノコのなかまで，真核生物です！　**ゾウリムシ**や**ミドリムシ**は
真核生物で，1つの細胞からなる単細胞生物として有名です。

	細胞膜	細胞壁	核	ミトコンドリア	葉緑体
大腸菌	○	○	×	×	×
ユレモ	○	○	×	×	×
酵　母	○	○	○	○	×
ゾウリムシ	○	×	○	○	×
ミドリムシ	○	×	○	○	○
ヒ　ト	○	×	○	○	×
サクラ	○	○	○	○	○

注：表中の○は存在すること，×は存在しないことを意味します。

下の図は，細胞などの大きさをまとめた図です。

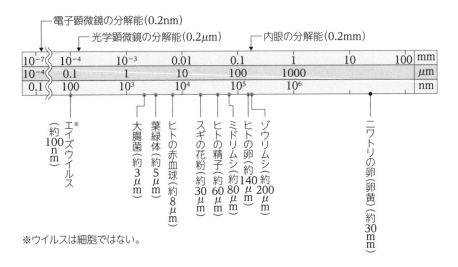

※ウイルスは細胞ではない。

なお，「顕微鏡の分解能」というのは，「接近した2点を2つの点として識別できる2点間の最小距離」という意味で，「どれくらい小さいものまでシッカリと見えるか？」ということです。

一般に細胞は小さいので，肉眼ではなかなか見えませんね。でも，ニワトリの卵（←タマゴの黄身のこと）などは，細胞内に卵黄をいっぱい蓄えて，膨らんでいるので，30mmのサイズになります。

また，ヒトの赤血球は，核やミトコンドリアをもたない（⇒ p.49）ので，かなり小さい細胞なんです！

ふつう，ウイルスは光学顕微鏡では見えないサイズなんですね！

 そうそう，そういうイメージが大事なんだよ！

原核細胞は，やっぱり真核細胞より小さい！

 うんうん，いい感じだね！

4 組織と器官

ヒトの体は何個くらいの細胞からできていると思いますか？

　現在，ヒトの体は約37兆個もの細胞からできていると考えられていますが，それぞれの細胞がバラバラにふるまったら困りますよね？

　多細胞生物は，形やはたらきの似た細胞が集まり**組織**を構成し，さらに複数の組織が組み合わさって特定のはたらきをもつ**器官**ができます。例えば，筋細胞が集まった筋組織や上皮細胞が集まった上皮組織などが集まって，胃という器官をつくるイメージです。

　植物でも同じで，柵状組織，海綿状組織，表皮組織などが集まって葉という器官ができます。

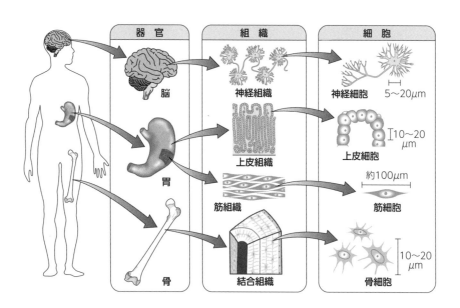

チェック問題 1

基本 **3分**

問1 生物の共通性についての記述として**誤っているもの**を，次の①～④のうちから一つ選べ。

① すべての生物は細胞からできている。
② すべての生物は遺伝子として DNA をもつ。
③ すべての生物は代謝を行い，ATP によりエネルギーの受け渡しを行う。
④ すべての生物の細胞には核が存在する。

問2 すべての生物に共通して含まれる物質を，次の①～⑥のうちから，<u>すべて選べ</u>。

① ATP   ② インスリン   ③ アントシアン
④ DNA   ⑤ ヘモグロビン   ⑥ 水

問3 真核細胞からなる単細胞生物を，次の①～⑥のうちから<u>すべて</u>選べ。

① ゾウリムシ   ② オオカナダモ   ③ 酵母
④ ユレモ   ⑤ エイズウイルス   ⑥ 大腸菌

(センター試験　本試験・改)

解答・解説

問1 ④   **問2** ①，④，⑥   **問3** ①，③

問1 原核生物は核をもたない生物でしたね。原核生物がいますので，④の記述が**誤り**です。

問2 ATP はすべての生物が細胞内でエネルギーの受け渡しに使う物質です。また，DNA はすべての生物がもっています。意外と盲点なのは水です。言われてみれば当たり前なんですけど，水を含まない生物っていませんよ！ 例えば，すべての生物にある細胞質基質を考えてみましょう。様々な物質を溶かしている，水が主成分ですよね。

問3 ②のオオカナダモ（右の図）は被子植物で，立派な多細胞生物です。④のユレモと⑥の大腸菌は細菌で，原核生物です。⑤のウイルスは生物ではありませんね。

チェック問題2 思 標準 2分

3種類の生物の細胞の特徴を表に示した。 ア ～ ウ に入る生物の組合せとして最も適当なものを，後の①～⑥のうちから一つ選べ。

	ア	イ	ウ
核	−	+	+
細胞壁	+	+	−
細胞膜	+	+	+
ミトコンドリア	−	+	+
葉緑体	−	+	−

+：あり　−：なし

	ア	イ	ウ
①	ヒト	酵母	大腸菌
②	シアノバクテリア	カエル	ヒト
③	大腸菌	ススキ	カエル
④	カエル	酵母	シアノバクテリア
⑤	シアノバクテリア	ススキ	大腸菌
⑥	大腸菌	シアノバクテリア	カエル

(センター試験　追試)

解答・解説

③

アから順に吟味していきましょう！　アは核がないから原核生物と考えられます。①と④はダメですね。

イは細胞壁と葉緑体があるので，植物と考えらえます。よって，③と⑤のどちらかが正解です。なお，右の写真はススキです！

ウは核があり，細胞壁や葉緑体がないので，動物と考えられます。ということで，正解は③と決められます。

第1章　生物の特徴

3 エネルギーと代謝

1 代謝とエネルギーの出入り

　生物が行う化学反応全般を**代謝**といいます。代謝のうちで複雑な物質を単純な物質に分解してエネルギーを取り出す過程を**異化**，これとは逆にエネルギーを取り込んで単純な物質から複雑な物質を合成する過程を**同化**といいます。どんな生物も異化と同化の両方を行っています。**呼吸**は異化の代表例，**光合成**は同化の代表例です。

　異化と同化は次の図のようなイメージです。

「イカはどうか？」
……ごめんなさい（汗）

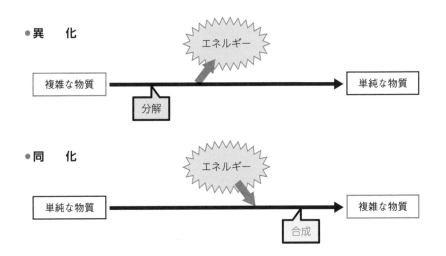

●異　化

複雑な物質　→　単純な物質

分解

エネルギー

●同　化

単純な物質　→　複雑な物質

合成

エネルギー

　光合成を行う植物や藻類，シアノバクテリアのように，外界から取り入れた無機物から有機物を合成して生活できる生物を**独立栄養生物**といいます。これに対して，動物や菌類のように，無機物のみから有機物をつくれない生物を**従属栄養生物**といいます。

2 ATP

ATP は**アデノシン三リン酸**という物質です。すべての生物で，代謝にともなうエネルギーの多くで，受け渡しを ATP が行っています！

 これから「光合成」や「呼吸」を学んでいくなかで，ATP がエネルギーの受け渡しの仲立ちをしているイメージがつかめます！

ATP は**塩基**（⇒ p.29）の一種である**アデニン**と**リボース**という糖が結合した**アデノシン**に，3個のリン酸が結合した化合物です。

語尾が「-ose」ですから，リボースは糖ですね！

リン酸どうしの結合は**高エネルギーリン酸結合**とよばれ，切れるときにエネルギーが大量に「ぶわっ」と出ます。生物は，ATP の末端のリン酸が切り離されて，**ADP**（アデノシン二リン酸）となるときに放出されるエネルギーを様々な生命活動に使います！　下の図からもわかる通り，ATP は使い捨ての物質ではありません！　また，エネルギーを吸収することで ADP とリン酸から ATP を再合成することができます。充電式の電池みたいなイメージですね。

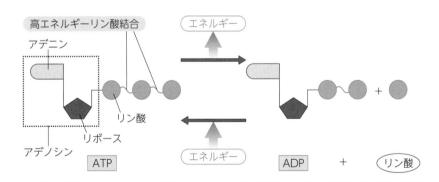

ちょっと先取り学習（⇒詳しくは p.29）

ATP のように，塩基，糖，リン酸が結合した物質を**ヌクレオチド**といいます。ATP の糖はリボースですから …，**RNA** と同じですね。

3 代謝と酵素

> 円滑に代謝ができるのは酵素のおかげ♥

酵素は，主にタンパク質でできており，**触媒**としてくり返しはたらきます。触媒というのは化学反応をスピードアップさせる物質のことです。

過酸化水素（H_2O_2）を溶かした溶液（←オキシドール）を室内に放置すると，非常～にゆっくりと分解しますが，傷口につけると勢いよく気泡が生じます。これは細胞内にある**カタラーゼ**という酵素のおかげなんです！

> 中学のときに酸化マンガン（IV）を使って過酸化水素水から酸素を発生させた実験と同じ反応なんですね！

そうそう！　「$2H_2O_2 \longrightarrow 2H_2O + O_2$」という反応だよ。だから，傷口から生じる気泡は酸素だね。実は過酸化水素は危ない物質で，細胞内では「カタラーゼのおかげで分解できて一安心♥」っという感じなんですよ。

酵素のなかには**消化酵素**や**リゾチーム**（⇒ p.85）のように細胞外に分泌されてはたらくものもありますが，多くは細胞内ではたらきます。呼吸に関する酵素はミトコンドリアに，光合成に関する酵素は葉緑体に……，というように，酵素は細胞内の特定の場所に存在しています。

> 実際に酵素がはたらいている様子はこんなイメージだ!!

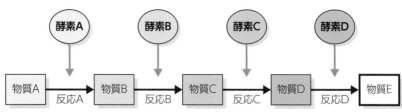

酵素が作用する物質を**基質**といい，酵素は特定の基質にしか作用しません。この性質を**基質特異性**といいます。したがって，上の図のような4段階の反応があったとすると…，4種類の酵素が必要になります。

チェック問題

1分

代謝に関する記述として適当なものを，次の①〜⑦のうちから二つ選べ。

① 酵素は基質特異性をもち，一般に1回反応すると活性を失う。

② 単純な物質から複雑な物質を合成し，エネルギーを蓄える反応は異化とよばれる。

③ 呼吸で酸素を利用してグルコースなどの有機物が分解されると，ATPがつくられる。

④ 光エネルギーを利用して二酸化炭素と水から有機物と酸素をつくり出す光合成の反応には，1種類の酵素のみが関わっている。

⑤ ATPがADPとリン酸に分解されるとき，エネルギーが放出される。

⑥ 生物体内のすべての酵素は，細胞質基質ではたらく。

⑦ 食物として摂取した酵素の多くは，そのままヒトの体内に取り込まれて細胞内ではたらく。

（センター試験　追試験・改）

第**1**章 生物の特徴

解答・解説

③，⑤

① 酵素は化学反応を触媒しても，自身は変化しません。よって，原則として何回でもはたらくことができるので，**誤り**です。

②は，同化についての記述ですね。

④ 光合成は，様々な代謝と同様に何段階もの反応が連続して行われます。よって，何種類もの酵素が関わるので，**誤り**です。

⑥ 酵素には細胞外ではたらく酵素（←消化酵素など），ミトコンドリアではたらく酵素（←呼吸に関わる酵素），核の中ではたらく酵素（←転写を行う酵素など）などがあるので，**誤り**です。

⑦ 酵素の主成分はタンパク質なので，酵素を食物として摂取しても，消化酵素によってアミノ酸に分解されてから吸収されます。よって，食物として摂取した酵素がそのまま細胞内に入ってはたらくことはありません。したがって，**誤り**です。

4 光合成と呼吸

1 光合成

「光合成」って，どんなイメージをもっているかな？

「光を使う」，「酸素を出す」……，「私は光合成できません（笑）」

光合成とは，「光エネルギーを利用して ATP をつくり，その ATP を利用して二酸化炭素 CO_2 からデンプンなどの有機物を合成すること」です。真核生物では，光合成は葉緑体で行っていますね。図にすると下のようなイメージです。いったん光エネルギーから ATP をつくっているところがポイントですよ！　なお，光合成のように二酸化炭素から有機物を合成する反応を**炭酸同化**といいます。

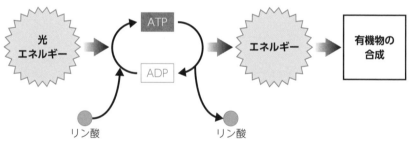

式にまとめるとこんな感じ！

水 ＋ 二酸化炭素 ＋ 光エネルギー ⟶ 有機物 ＋ 酸素

2 呼吸

次に，「呼吸」とはどんなイメージ？

スーハー，スーハー……，深呼吸のイメージです！

確かに，ふつう「呼吸」と言えばそういうイメージだね。そのスーハー，スーハー……っていうのは，細胞で行われている呼吸の結果といえるんです。ここで学ぶのは細胞で行われている呼吸です。

呼吸は，細胞の中でグルコースなどの炭水化物，タンパク質，脂肪といった有機物を酸素を用いて分解して，放出されるエネルギーを利用してATPをつくるはたらきです。まさに異化のイメージそのものでしょ!!　呼吸で重要な役割を担う細胞小器官は…？

ミトコンドリアです!!

正解です！　呼吸のしくみを図にすると，下のようなイメージ！

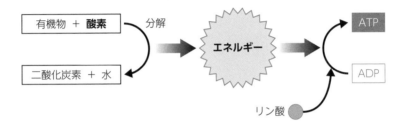

式にするとこんな感じ！

有機物 ＋ 酸素 ⟶ 二酸化炭素 ＋ 水 ＋ エネルギー（ATP）

この式を見ると，中学で習った燃焼の反応式と似ていませんか？　確かに，式だけを見れば燃焼と同じなんですが…。燃焼は反応が急激に起こり，出てきたエネルギーの大部分が熱や光になってしまいます。一方，呼吸は酵素によって何段階もの反応がコツコツと進められて，出てきたエネルギーはATPの合成につかわれます。

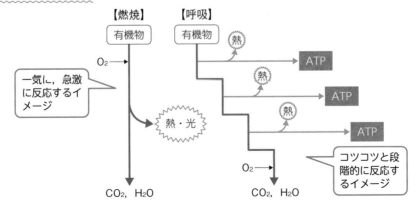

チェック問題　　　　　　　　基本　2分

　光合成や呼吸に関する記述として正しいものを，次の①〜⑤のうちから二つ選べ。

① 光合成は，光エネルギーを直接用いて二酸化炭素から有機物を合成する。

② 光合成を行う生物は必ず葉緑体をもっている。

③ 呼吸では，酸素を用いて有機物を分解し，ADP から ATP を合成する。

④ 呼吸の反応は，有機物が燃焼するときと同じようにエネルギーを熱や光として一度に放出する。

⑤ 植物では，光合成でつくられたデンプンは一時的に葉緑体に蓄えられる。

（センター試験　本試験・改）

解答・解説

③，⑤

① 光合成では，光エネルギーを吸収して ATP をつくり，この ATP を使って有機物の合成をします。よって，「直接」という表現が**誤り**ですね。

② 定番のヒッカケ文章ですよ！　ユレモのようなシアノバクテリアは原核生物なので葉緑体はもっていませんが，光合成を行うことができます。よって，**誤り**です。

④ 燃焼は一気に反応するのに対して，呼吸はコツコツ段階的に反応するんでした。よって，**誤り**です。

⑤ 光を照射した葉にヨウ素液を滴下して青紫色に染める実験を覚えていれば，**正しい**とわかりますね。

5 DNA の構造

1 ヌクレオチドの構造

> 核は英語で「nucleus」！　ヌクレオ…，ヌクレオ……

　DNA（**デオキシリボ核酸**）は**ヌクレオチド**という基本単位がいっぱい鎖状につながった物質です。ヌクレオチドは塩基，糖，リン酸が結合したものです。DNA のヌクレオチドの場合，糖は**デオキシリボース**，塩基には**アデニン**（A），**チミン**（T），**グアニン**（G），**シトシン**（C）の4種類があり，どの塩基をもつかによってヌクレオチドは4種類あることになります。

2 DNA の構造

> DNA は下の図のような，美しいらせん構造をしています！

　ヌクレオチドが糖とリン酸の結合によりつながってヌクレオチド鎖になります。DNA は，2本のヌクレオチド鎖が塩基を内側にして平行に並び，A と T，G と C が対になるように結合し，全体としてらせん構造をしています。この構造を**二重らせん構造**といいます。ここで，結合する塩基のペアは決まっており，この性質を**相補性**といいます。そして，DNA の塩基配列が遺伝情報になります。

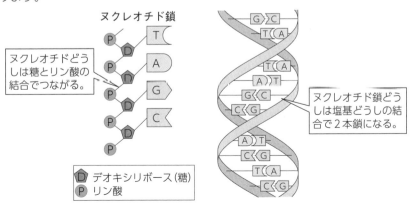

ヌクレオチド鎖

ヌクレオチドどうしは糖とリン酸の結合でつながる。

ヌクレオチド鎖どうしは塩基どうしの結合で2本鎖になる。

Ⓓ デオキシリボース（糖）
Ⓟ リン酸

DNAが二重らせん構造の物質であることを提唱したのが**ワトソンとクリック**です。彼らはシャルガフの実験結果やウィルキンスやフランクリンのDNAにX線を当てて撮影した写真から示唆を受け，この構造を提唱しました。

3 遺伝子の本体

さて，染色体には，主に何という物質が含まれていますか？

16ページにありましたね！ DNAとタンパク質です！

「遺伝子」が染色体にあるだろうということは，20世紀前半から考えられていました。そうすると，遺伝子の本体はDNAなのか，タンパク質なのかということになります。実は，当初は「遺伝子の本体はタンパク質だろう！」という研究者が多かったんですよ。

もちろん，現在では遺伝子の本体はDNAとわかっていますが，これを明らかにした歴史的に重要な実験を紹介します。

❶ グリフィスの実験（1928年）

肺炎双球菌(はい えん そうきゅうきん)(肺炎球菌)という細菌には，病原性のS型菌と非病原性のR型菌があります。**グリフィス**は加熱殺菌したS型菌を生きたR型菌と混合してネズミに注射しました。すると，ネズミは肺炎で死んでしまい，その体内から生きたS型菌が発見されました。加熱殺菌したS型菌に由来する何らかの物質によってR型菌がS型菌に変化したと考えられます。この現象を**形質転換**(けい しつ てん かん)といいます。下の図のように，R型菌がS型菌に変身したイメージですね！

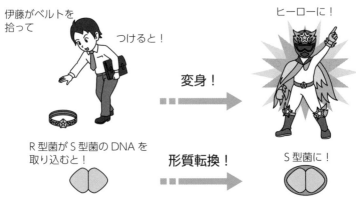

伊藤がベルトを拾って

つけると！

ヒーローに！

変身！

R型菌がS型菌のDNAを取り込むと！

形質転換！

S型菌に！

❷ エイブリーらの実験（1944年）

　グリフィスが発見した形質転換の原因を明らかにするために，**エイブリー**らはS型菌をすりつぶした抽出液を，DNA分解酵素で処理してDNAを除去してから，生きたR型菌と混合しても形質転換が起こらないことを示し，形質転換の原因物質がDNAであることを証明しました。

　このあたりで，「遺伝子の本体はDNAだろうな！」という感じになったんですね。

❸ ハーシーとチェイスの実験（1952年）

　僕は，T₂ファージはとてもカッコいいと思うよ！

　ハーシーと**チェイス**は，T₂ファージというウイルスをつかって遺伝子の本体がDNAであることをつきとめました。

　T₂ファージは大腸菌に感染して増殖するウイルスです。右の図のように，頭部や尾部の外殻はタンパク質でできており，内部にDNAが入ったシンプルな構造をしています。

　T₂ファージが大腸菌に感染すると，DNAだけを大腸菌の中に注入します。その後，大腸菌のDNAは分解されてしまい，T₂ファージのDNAがどんどん

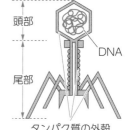

増えていきます。そして，大腸菌内で多数の子ファージがつくられ，大腸菌を破って飛び出していきます。

　ウイルスって，なかなかえげつないですね……（汗）

T₂ファージのDNAが菌体内に注入される。

大腸菌のDNAは分解され，T₂ファージのDNAが増える。

外殻のタンパク質がつくられ，多数の子ファージが菌体を破って出る。

大腸菌の中でタンパク質が合成されて子ファージが生じたことから，大腸菌内に入った DNA が T_2 ファージの遺伝子ということになりますね。

チェック問題 (思) 標準 (5分)

問1 DNA のヌクレオチドの模式図として正しいものを，次の①〜③のうちから一つ選べ。

① | リン酸 |−| 塩基 |−| 糖 |　　② | 塩基 |−| 糖 |−| リン酸 |

③ | 糖 |−| リン酸 |−| 塩基 |

問2 ある生物に由来する二本鎖 DNA を調べたところ，二本鎖 DNA の全塩基数の30%がアデニンであった。

(1) この二本鎖 DNA におけるシトシンの割合〔%〕を求めよ。

(2) この二本鎖 DNA の一方の鎖を X 鎖，他方の鎖を Y 鎖としてさらに調べたところ，X 鎖の全塩基数の18%がシトシンであった。このとき，Y 鎖の全塩基数におけるシトシンの割合〔%〕を求めよ。

問3 過去の研究者らの研究成果のうち，遺伝子の本体が DNA であることを明らかにした研究成果として適当なものを，次の①〜④のうちから一つ選べ。

① 研究者 P は，様々な生物の DNA について調べ，A と T，G と C の数の比が，それぞれ1：1であることを示した。

② 研究者 Q らは，DNA の立体構造について考察し，二重らせん構造のモデルを提唱した。

③ 研究者 R は，エンドウの種子の形や，子葉の色などの形質に着目した実験を行い，親の形質が次の世代に遺伝する現象から，遺伝の法則性を発見した。

④ 研究者 S らは，T_2 ファージを用いた実験において，ファージを細菌に感染させた際に，DNA だけが細菌内に注入され，多数の新たなファージがつくられることを示した。

(センター試験　本試験・改)

解答・解説

問1 ②　　**問2** (1) 20%　　(2) 22%　　**問3** ④

問1 ヌクレオチドの構造をちゃんと覚えていますか？ ヌクレオチドの構成要素はリン酸，糖，塩基で，糖が真ん中にありましたね。

問2 シャルガフは，様々な生物のDNAについて，塩基の割合を調べ，「生物のDNAではAとT，GとCの数の割合が等しい」という**シャルガフの規則**を発見しました。この規則は，DNAのAとT，GとCが相補的に塩基対をつくっていることからも理解できますね。

(1)　2本鎖DNA中にAが30%あるということは，Tも30%あります。よって，残り40%がGとCです。GとCの割合は等しいので，ともに20%であることがわかります。

(2)　(2)の設問は，いったいどういうことを聞いているのかわかりますか？ ちょっと，難しいですよね。模式図にすると下の図のようなイメージです。

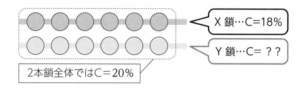

X鎖…C=18%
Y鎖…C=？？
2本鎖全体ではC=20%

　2本鎖全体で考えるとCが20%であることは(1)で求めました。そして，一方の鎖（X鎖）だけを見るとCが18%，そして「他方の鎖（Y鎖）だけを見たときにCが何%ですか？」ということです。

全体での「20%」という割合はX鎖におけるCの割合とY鎖におけるCの割合の平均値となります。ですから，「Y鎖におけるCの割合は22%」と一瞬で求めることができます！

問3　①〜④のどの記述にも嘘はありません。この問題は「遺伝子の本体がDNAであることを明らかにした研究成果」についての記述を選ぶ問題ですよ！

①は，**問2**の解説にも書きましたがシャルガフの規則についての記述です。②はワトソンとクリック，③はメンデル（←中学の理科で学びましたね！）の研究についての記述です。どの研究者も偉大な研究者ですが…，遺伝子の本体がDNAであることを明らかにしたわけではありませんね。

④は，ハーシーとチェイスの実験についての記述で，これが**正解**です。

6 遺伝情報とその分配

1 ゲノム

ゲノム（genome）は，**遺伝子**という意味の「gene」と，全部っていう意味の「-ome」を合わせてつくられた単語です。

「ゲノム」って，ニュースとかでたまに聞くけど，イマイチ意味がわかっていないです。

　まずは「全部」っていうイメージが大事なんです。

　ヒトの体細胞には**46本**の染色体がありますが，よ～く見ると，大きさや形が同じ染色体が1対ずつ，全部で23対あります。このように，対になっている染色体を**相同染色体**といい，相同染色体の一方は父親に，他方は母親に由来します。この相同染色体のどちらか一方ずつを23本集めた1組に含まれているすべてのDNAをヒトの**ゲノム**といいます。

体細胞にはゲノムが2組あるということですか？

　その通り！　体細胞にはゲノムが2組，精子や卵にはゲノムが1組入っています。

ちゃんと表現すると…，ゲノムとは「生物が自らを形成・維持するのに必要な1組の遺伝情報」となります。

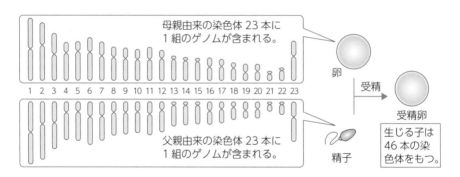

母親由来の染色体23本に1組のゲノムが含まれる。

卵

受精

受精卵

父親由来の染色体23本に1組のゲノムが含まれる。

精子

生じる子は46本の染色体をもつ。

2 ゲノムと遺伝子の関係

ゲノム…, 遺伝子…, DNA………, ゲノム？

　このあたりの用語って，ゴチャゴチャになっちゃう受験生が多いですね。DNA の一部が転写・翻訳されてタンパク質が合成されることは，後で学びます（⇒ p.43）が…，転写・翻訳される部分というのは DNA の一部で，真核生物の場合はほとんどが転写・翻訳されない部分です。下の図の1つ1つの転写・翻訳される部分が**遺伝子**です。ヒトの場合，転写・翻訳される部分はゲノムのたった1.5% 程度と言われています！

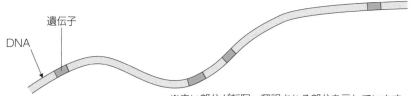

遺伝子

DNA

※赤い部分が転写・翻訳される部分を示しています。

　ゲノムに含まれる塩基対の数はゲノムサイズとよばれ，生物によってゲノムサイズは異なります。また，遺伝子の数についても生物によって異なります。

様々な生物のおよそのゲノムサイズ（塩基対の数）と遺伝子の数

生物名	大腸菌	酵　母	ショウジョウバエ	イ　ネ	ヒ　ト
ゲノムサイズ	500 万	1200 万	1 億 6500 万	4 億	30 億
遺伝子の数	4500	7000	14000	32000	20500

私たちは，ショウジョウバエやヒトよりも，遺伝子の数が多いよ！

イネ

ショウジョウバエ

遺伝子の数が多いからって，何をいばっているんだよ！　多くたってスゴいわけじゃないよ！

3 DNA の複製

DNA は分裂に先立って正確に複製されます。DNA を複製する際，2本鎖DNA の塩基どうしの結合が切れて1本鎖になります。そして，生じたそれぞれの1本鎖の塩基配列に対して相補的な塩基をもつヌクレオチドが順に結合していきます。

 「生じたそれぞれの1本鎖を『鋳型として』相補的なヌクレオチドが結合していく」と表現されます。

下の図のように，複製によってつくられた2本鎖 DNA の一方の鎖は元のヌクレオチド鎖がそのまま受け継がれていることから，このような複製のしくみは**半保存的複製**とよばれます。

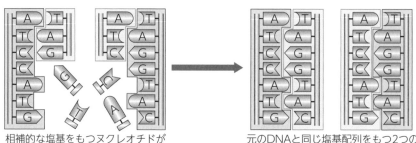

相補的な塩基をもつヌクレオチドが
結合する。

元のDNAと同じ塩基配列をもつ2つの
2本鎖DNAが合成される。

▧ 元のヌクレオチド鎖　　▢ 新しいヌクレオチド鎖

DNA が半保存的に複製されることは…
どうやってわかったんですか？

よい質問です！　DNA が半保存的に複製されることは，**メセルソン**と**スタール**によって1958年に次のページのような実験で証明されました。彼らは，重さの異なる2種類の窒素原子 (^{14}N と ^{15}N) を使って，うまく証明したんです！

❶ メセルソンとスタールの実験 （1958年）

① ¹⁵N を含む培地（¹⁵N 培地）で大腸菌を長期間培養する。

➡ **大腸菌の DNA に含まれる窒素原子がほぼすべて¹⁵N になる！**

② ①の重い DNA をもつ大腸菌を，¹⁴N を含む培地（¹⁴N 培地）に移して細胞分裂をさせる。

➡ **これ以降つくられるヌクレオチド鎖には¹⁴N が含まれる！**

③ 分裂のたびに DNA を抽出し，重さ（比重）を調べる。

2 本鎖の両方に ¹⁵N が含まれる DNA を『重い DNA』，2 本鎖のどちらにも ¹⁵N が含まれない DNA を『軽い DNA』，一方の鎖のみに ¹⁵N が含まれる DNA を『中間の DNA』としましょう。

1回分裂させた大腸菌の DNA はすべて『中間の DNA』になったので，『重い DNA』を1本鎖にほどいて，各々を鋳型として¹⁴N を含む新しい鎖をつくったと考えられますね。なお，2回分裂させた大腸菌の DNA は，下の図のように，『中間の DNA』と『軽い DNA』が半分ずつになります。

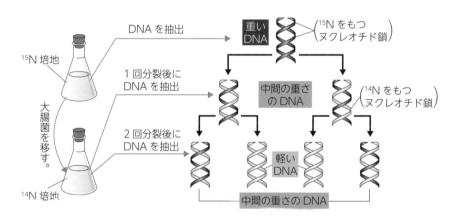

3 回分裂させた大腸菌の DNA は・・・。
中間の DNA：軽い DNA = 1：3 となります！

4 細胞周期と DNA 量の変化

> ヒトの体は何十兆個もの細胞からできているけど，これらはもともと受精卵という1個の細胞だったんだよ。

　ヒトの体は1個の受精卵が**体細胞分裂**をくり返して増えたもので，どの細胞にも同じ DNA の遺伝情報がちゃんと受け継がれています。正確に遺伝情報を受け継いでいけるのはすごいことですよ！

　細胞が分裂を終えてから次の分裂を終えるまでの過程を**細胞周期**といって，実際に細胞が分裂する**分裂期(M 期)**と，分裂のための準備を行う**間期**に分けることができます。間期はさらに DNA 合成準備期(**G₁期**)，DNA 合成期(**S 期**)，分裂準備期(**G₂期**)に分けられます。

　細胞によっては G₁期に入ったところで細胞周期を停止し，**G₀期**とよばれる休止期に入り，すい臓や肝臓の細胞など，特定の形とはたらきをもった細胞に変化します。特定の形とはたらきをもった細胞に変化することを**分化**といいます。

> 分化した細胞はもう分裂しないんですか？

　例えば，肝臓の細胞は，肝臓が傷ついたときなどには G₀期の細胞が G₁期に戻り，細胞周期を再開することが知られています。では，細胞周期について下の図を見てみましょう！

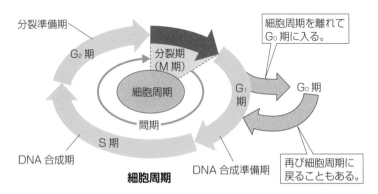

細胞周期

　S 期に DNA を正確に**複製**して，分裂期に複製された DNA を分裂で生じた2つの細胞(**娘細胞**)にキッチリ等分に分配しているから，同じ形質の細胞をつくり続けられます。

DNA 量？「量」ですか…。「量」って何ですか？

　DNA 量は，DNA の質量ということ，つまり「重さ」だね！　DNA は S 期にキッチリ複製して，娘細胞に均等に分配されるので，1つの細胞に入っている DNA 量（細胞あたりの DNA 量）は下の図のように変化します。分裂期が終わって細胞が2個になるときに，カックンと半減します！

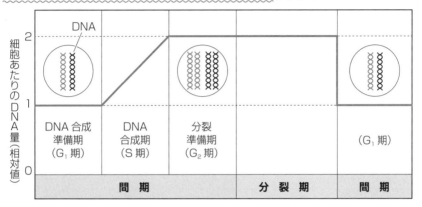

5 分裂期（M 期）での DNA の動き

分裂期に DNA を 2 つの娘細胞にキッチリと分配する様子を見てみましょう!!

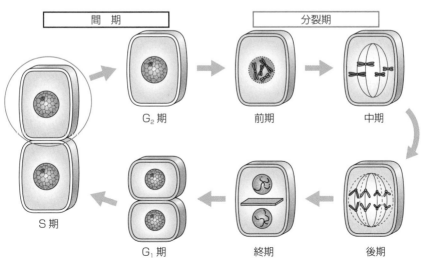

えっ!?　この図の何を覚えたらいいんですか?

　覚えないといけない用語はそんなにありませんよ!　流れをイメージできれ
ば OK です。では,コツコツ学んでいきましょう。
　分裂期は染色体の見た目などによって,**前期**,**中期**,**後期**,**終期**という4つ
の時期に分けられます。

S 期に複製された 2 本の DNA どうしは,分裂期の中期まではず
っと離れずに存在しています!

これは,本当に重要なことです!

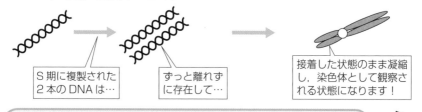

S 期に複製された
2 本の DNA は…

ずっと離れず
に存在して…

接着した状態のまま凝縮
し,染色体として観察さ
れる状態になります!

…ってことは,この染色体 には DNA が 2 本含まれてい
るんですね!

　その通り!　しかも,この染色体 に含まれている DNA は複製によ
ってできた同じ塩基配列をもつ2本の DNA なんだよ!　これを踏まえて,分
裂期について整理しよう。

① **前期**…核膜が消失する。核内に分散していた染色体が凝縮してひも
　　　　　状になり,光学顕微鏡で見えるようになる。
② **中期**…染色体が中央部(赤道面)に並ぶ。
③ **後期**…2本の DNA からなる染色体が分離し,均等に1本の DNA を
　　　　　含む状態となり,両極に移動する。
④ **終期**…凝縮していた染色体が再び分散し,核膜が形成される。また,
　　　　　細胞質が2つに分けられる。

チェック問題 1　　　基本 1分

　真核生物の体細胞分裂の間期に関する記述として適当なものを，次の①〜④のうちから一つ選べ。
① S 期では，DNA 量は変化せず，DNA 合成の準備が行われている。
② S 期では，半保存的に複製された DNA が娘細胞に均等に分配される。
③ G_1 期では，DNA が半保存的に複製されて細胞1個あたりの DNA 量は分裂直後の2倍になる。
④ G_2 期では，細胞1個あたりの DNA 量は分裂直後の2倍になっており，分裂の準備が行われている。

(オリジナル)

解答・解説

④

　G_1 期は DNA 合成準備期，S 期は DNA 合成期，G_2 期は分裂準備期です。よって，DNA が半保存的に複製されるのは S 期なので，①〜③はどれも**誤り**です。S 期に引き続いて G_2 期に進むので，G_2 期では細胞1個あたりの DNA 量は分裂直後（G_1 期）の2倍になっています。

　G_1 期，G_2 期の「G」は**隙間**という意味の gap の頭文字なんだよ。分裂期が終わってから S 期に入るまでの隙間の時期が G_1 期…というイメージだね！

チェック問題 2

ゲノムに関連する次の(1)～(3)の記述の正誤を判定せよ。

(1) 真核生物に属するすべての生物において，遺伝子の数は等しい。

(2) ヒトの同一個体において，神経の細胞と小腸の細胞とでは，核内にあるゲノム DNA は同じで，発現する遺伝子の種類も同じである。

(3) ヒトでは，ゲノムの一部だけが遺伝子としてはたらいている。

(センター試験　追試験・改)

解答・解説

(1) 誤　　(2) 誤　　(3) 正

どの記述についても解説ずみですね！

(1) 35ページに載せた表を見れば明らかですが，生物によってゲノムサイズが異なりますし，遺伝子の数も異なります。ヒトについてゲノムサイズが約**30億塩基対**，遺伝子の数が約**2万**ということは覚えておきましょう！

(2) 同一個体では，神経の細胞と小腸の細胞がもっている DNA は同じです。しかし，細胞ごとに異なる遺伝子を発現させているので，細胞の形や性質が異なるんですね。

(3) 35ページに，「転写・翻訳される部分はゲノムの一部だ！」という内容が書かれていますね。これと(3)は同じ内容なので，(3)は**正しい**記述です。

7 遺伝情報の発現

1 タンパク質

タンパク質とは何か，わかりますか？

「肉や魚に多く含まれている」と家庭科で習いました！

　確かに，動物の細胞には多く含まれていますね！　**タンパク質**ってどんなものだろう？

　タンパク質は**アミノ酸**が鎖状につながってできた物質です。生物のタンパク質をつくるアミノ酸には，アルギニンやメチオニン，フェニルアラニンなど，**20**種類あり，タンパク質の性質は，構成するアミノ酸の種類・数・配列によって決まります。よって，タンパク質の種類はものすごく多くて，ヒトでは約10万種類ものタンパク質をつくっています。例えば，赤血球中の**ヘモグロビン**（⇒ p.49），**血液凝固**に関係する**フィブリン**（⇒ p.86），皮膚や骨の成分となる**コラーゲン**，眼の水晶体（レンズ）の細胞に多く含まれる**クリスタリン**，ホルモンの**インスリン**（⇒ p.66），免疫に関係する**抗体**（⇒ p.90），酵素の**カタラーゼ**（⇒ p.24）などなどです。

一気に覚えようとするとシンドいから，後で出てくるタンパク質については，その都度コツコツ覚えようね。

2 タンパク質の合成

タンパク質の合成の過程は，大きく「転写」「翻訳」という2つのステップからなります！

❶ 転　写

　転写というのは，DNA の塩基配列を RNA の塩基配列に写し取ること，つまり RNA を合成することです。

　RNA は**リボ核酸**という物質で，DNA と同様にヌクレオチドが構成単位です。ただ，DNA と違うのは RNA のヌクレオチドは糖として**リボース**をもち，塩基としてアデニン（A），**ウラシル（U）**，グアニン（G），シトシン（C）の4種類があります。RNA にはいくつかの種類がありますが，その中で mRNA（伝令 RNA）と tRNA（転移 RNA）が，特に重要です。

 リボース(ribose)だから，リボ核酸(ribonucleic acid)ですよ！
語源をイメージしましょうね。

　さて，転写の際には，DNA の転写する領域の塩基対の結合が切れてほどけ，1本ずつのヌクレオチド鎖になります。そして，その部分の片方のヌクレオチド鎖の塩基に対して RNA のヌクレオチドの塩基が相補的に結合していきます。

　このとき，DNA の側の塩基 A，T，G，C のそれぞれに対して，**U，A，C，G** の塩基をもった RNA のヌクレオチドが結合し，RNA が合成されていきます。このようにして遺伝子（DNA）の塩基配列を写し取って合成され，その塩基配列によってタンパク質のアミノ酸配列を決めることのできる RNA を **mRNA**（伝令 RNA）といいます。では，転写の様子を示した下の模式図を見てみましょう！

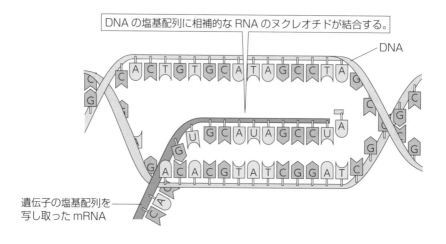

DNA の塩基配列に相補的な RNA のヌクレオチドが結合する。

DNA

遺伝子の塩基配列を
写し取った mRNA

❷ 翻　訳

　転写によってつくられた mRNA の塩基配列に従ってアミノ酸をつなぎ，タンパク質を合成する過程のことを翻訳といいます。このとき，mRNA の連続した3個の塩基配列ごとに1個のアミノ酸を指定します。この mRNA の3個の塩基配列をコドンといいます。

> mRNA の塩基配列がアミノ酸配列に読み替えられるから翻訳なんですね。

　翻訳には tRNA（転移 RNA）も関与します！　tRNA は下の図のようにループを3つもってクローバー『♣』のような形をしていて，中央のループの3つの塩基配列をアンチコドンといいます。tRNA の種類ごとにアンチコドンの塩基配列が異なり，アンチコドンに応じてアミノ酸が結合しています。

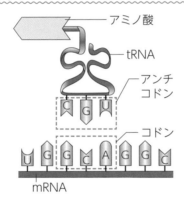

> tRNA はアンチコドンと相補的なコドンの場所に結合します。これによって，コドンに応じたアミノ酸を mRNA のところまで運んでくるんですよ！

❸ 遺伝暗号表

　コドンが指定するアミノ酸は，次のページの遺伝暗号表でまとめられておりますが，この対応関係は全生物で共通なんです！　すごいでしょ？
　RNA の塩基は4種類なので，コドンの種類は4×4×4＝64種類あるんですが，そのうち UAA，UAG，UGA の3つは終止コドンといって「翻訳終了で〜す！　終わり〜 !!」というコドンなんです。よって，64−3＝61種類のコドンが20種類のアミノ酸を指定していることになります。

また、AUG は**開始コドン**と呼ばれ、メチオニンを指定するとともに「翻訳開始〜！　スタート!!」という意味をもつこともあります。

翻訳はメチオニンから始まるっていうことだよ！

遺伝暗号表

		第2番目の塩基				
		U	C	A	G	
第1番目の塩基	U	UUU / UUC フェニルアラニン(Phe) UUA / UUG ロイシン(Leu)	UCU / UCC / UCA / UCG セリン(Ser)	UAU / UAC チロシン(Tyr) UAA / UAG 終止コドン	UGU / UGC システイン(Cys) UGA 終止コドン UGG トリプトファン(Trp)	U C A G
	C	CUU / CUC / CUA / CUG ロイシン(Leu)	CCU / CCC / CCA / CCG プロリン(Pro)	CAU / CAC ヒスチジン(His) CAA / CAG グルタミン(Gln)	CGU / CGC / CGA / CGG アルギニン(Arg)	U C A G
	A	AUU / AUC / AUA イソロイシン(Ile) AUG 開始コドン メチオニン(Met)	ACU / ACC / ACA / ACG トレオニン(Thr)	AAU / AAC アスパラギン(Asn) AAA / AAG リシン(リジン)(Lys)	AGU / AGC セリン(Ser) AGA / AGG アルギニン(Arg)	U C A G
	G	GUU / GUC / GUA / GUG バリン(Val)	GCU / GCC / GCA / GCG アラニン(Ala)	GAU / GAC アスパラギン酸(Asp) GAA / GAG グルタミン酸(Glu)	GGU / GGC / GGA / GGG グリシン(Gly)	U C A G

(第3番目の塩基)

異なるコドンが同じアミノ酸を指定することがあるんですね！

3 セントラルドグマ

「セントラルドグマ！」　カッコいい響きでしょ？

　遺伝情報である DNA の塩基配列は、RNA に転写され、さらにタンパク質に翻訳されます。このように遺伝情報が「DNA → RNA →タンパク質」と一方向に流れることを、**セントラルドグマ**といいます。

　この考え方は、DNA が二重らせん構造であることを発見したクリックが提唱したんですよ。central dogma ですので、直訳すると「中心的な教義」という意味です。「生物における遺伝情報の揺るぎない絶対的に重要なルール」というようなイメージの言葉です。

チェック問題

標準 3分

問1 筋肉や皮膚の細胞についての次の文中の空欄に入る語句の組合せとして適当なものを，後の①～④のうちから一つ選べ。

同一人物の筋肉の細胞と皮膚の細胞の a は同じだが，細胞により b が異なるので，異なる種類のタンパク質が合成される。

	a	b
①	核にある DNA の塩基配列	核で転写される遺伝子
②	核にある DNA の塩基配列	核にある遺伝子の塩基配列
③	細胞質にある mRNA の種類	核で転写される遺伝子
④	細胞質にある mRNA の種類	核にある遺伝子の塩基配列

問2 次の文中の空欄に入る語句の組合せとして適当なものを，後の①～⑥のうちから一つ選べ。

細胞内でタンパク質が合成されるときには， c の塩基配列が d に写し取られる。 d はヌクレオチドがつながったものであり， e である。次に， d の塩基配列に従ってタンパク質が合成される。後者の過程を f という。

	c	d	e	f
①	mRNA	DNA	2 本鎖	複 製
②	mRNA	DNA	1 本鎖	転 写
③	mRNA	DNA	2 本鎖	翻 訳
④	DNA	mRNA	1 本鎖	複 製
⑤	DNA	mRNA	2 本鎖	転 写
⑥	DNA	mRNA	1 本鎖	翻 訳

(センター試験　追試験・改)

第 **2** 章 ▶ 遺伝子とそのはたらき

解答・解説

問1 ①　　**問2** ⑥

問1 同一個体の体を構成する様々な細胞がもっている遺伝情報は同じですが，細胞ごとに発現している遺伝子が異なります。

問2 DNA を転写して mRNA がつくられ，mRNA を翻訳してタンパク質がつくられます。

8 体液とそのはたらき

1 体内環境と体外環境

> 生物の体の外の環境が体外環境！ 体液が体内環境！

> 体内環境は，体内の環境という意味ですよね？

　体内環境は**体液**のことです。「体内の環境」って言ってしまうと…，「細胞の中はどうするんだ？　消化管の中はどうなんだ？」となってしまうので，正確に，「体内環境＝体液」です！　細胞にとっての環境というイメージです。

　そもそも，体液って何か，わかりますか？　体液は，血管内の**血液**，組織の細胞間の**組織液**，リンパ管内の**リンパ液**の３つに分けられます。

> だから，汗とか尿とか消化液（←だ液，胃液など）は体液ではありません！

　体外環境は絶えず変化します。しかし，動物は様々なしくみを駆使して体内環境を安定に保ち，生命を維持する性質をもっており，これを**恒常性**（ホメオスタシス）といいます。

　暑くても寒くても体温は約37℃に保たれていますし，食事によって一時的に血糖濃度が上がっても，ホルモン（⇒ p.63）などにより元に戻せますね！

2 血　　液

> 血液について正しい知識を学びましょう！
> 怪しい似非健康法とかにだまされないようにしましょう！

　血液は液体成分である**血しょう**と有形成分である**赤血球**，**白血球**，**血小板**からなります。血しょうの質量は血液の質量の約55%を占めていて，血しょうはグルコースなどの栄養分，尿素や二酸化炭素，ホルモン，ナトリウムイオンなどのイオン，様々なタンパク質を溶かして運搬しています。

血液の有形成分と血しょうの特徴とはたらきを，下の表にまとめました！

有形成分	核の有無	数 （個 /mm^3）	主なはたらき
赤血球	なし	400 万 ~ 500 万	酸素の運搬
白血球	あり	4000 ~ 8000	免疫
血小板	なし	10 万 ~ 40 万	血液凝固
液体成分	構成成分		はたらき
血しょう	水 （約 90%），タンパク質 （約 7%），グルコース （約 0.1%）		物質などの運搬

血液 1mm^3 に 500 万個…，赤血球の数がものすごく多いですね！

有形成分は，どれも骨髄にある造血幹細胞からつくられます。

ヒトの赤血球は核をもたず，細胞内に多量のヘモグロビンというタンパク質を含み，酸素を運搬しています。

 hemo は，「血液」という意味だよ。例えば…，hemorrhage は「出血」という意味の英語！　ヘモグロビンは赤血球に含まれる赤い色のタンパク質だね。

白血球は「核をもち，ヘモグロビンをもたない有形成分の総称」と定義されています。主に免疫に関与しているので，「10　免疫」（⇒ p.83）で詳しく扱います！

血小板は血液凝固（⇒ p.86）において，重要な役割を果たします。

3 体液の循環

下の図はヒトの体液循環の模式図です。時々，この図を眺めてみてくださいね！

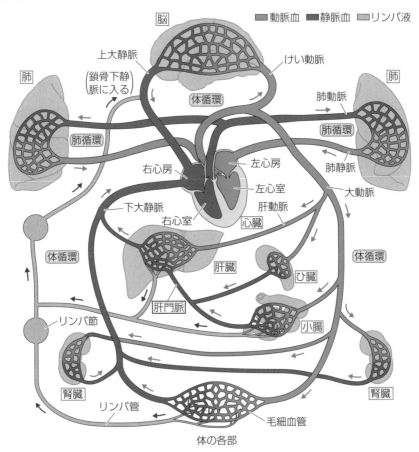

脳

動脈血　静脈血　リンパ液

上大静脈

（鎖骨下静脈に入る）

けい動脈

肺

肺

体循環

肺動脈

肺循環

肺循環

肺静脈

右心房

左心房

大動脈

左心室

下大静脈

肝動脈

右心室

心臓

体循環

体循環

肝臓

ひ臓

肝門脈

リンパ節

小腸

腎臓

腎臓

リンパ管

毛細血管

体の各部

肝門脈は静脈血が流れているんですね。
リンパ管は所々にリンパ節がありますね！

肺動脈を流れている血液は…，静脈血だから，注意してね！

心臓から送り出された血液は動脈を，心臓に戻る血液は静脈を流れます。そ

して，動脈と静脈をつないでいる血管が**毛細血管**です。毛細血管では血しょうの一部が浸み出して組織液となり，組織液が再び毛細血管に戻って血しょうになります。この過程で，組織の細胞への栄養分の供給や，細胞から老廃物の回収を行っているんです。

動脈，静脈，毛細血管がどのような構造をしているのか，中学の理科の復習も兼ねて下の図で確認しましょう！

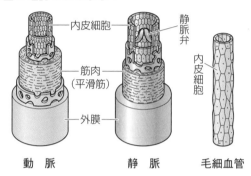

動脈　　　　静脈　　　毛細血管

動脈は心臓から送り出された血液が流れ，血管壁に強い圧力がかかるので，筋肉の層が発達した丈夫な構造をしています。ですので，静脈よりも血管壁が厚いという特徴があります！

静脈は心臓に戻る血液が流れ，逆流を防ぐための弁があります。

そして，毛細血管は一層の内皮細胞からなります。

> 50 ページの図にある，肝門脈はどの血管にあたるんですか？

いい質問！

「門脈」というのは，毛細血管にはさまれた太い血管なんです！　**肝門脈**は，小腸やひ臓の毛細血管と肝臓の毛細血管にはさまれている太い血管です。

> リンパ液…，リンパ管…，「リンパ」って，時々テレビなんかで耳にしますね。

組織液の多くは毛細血管に戻るんだけど，一部はリンパ管に入ってリンパ液になります。リンパ液はリンパ管を通った後に**鎖骨下静脈**で血液に合流します。つまり，リンパ液は最終的には血液に戻るんです。

リンパ管には所々に**リンパ節**があり，「10　免疫」(⇒ p.83) に関わる細胞が多く存在し，リンパ液中の病原体などを除去しています。

4 心臓の構造

> 心臓は英語で heart，フランス語では coeur，焼き鳥屋さんでは「heart」から「ハツ！」というよね。

　心臓は心筋という特殊な筋肉でできていて，休みなく収縮と弛緩をくり返すことで血液を循環させています。血液は静脈から心房に入り，心室から動脈へと出ていきます。心房と心室の間，心室と動脈の間には弁があるので，逆流することなくスムーズに血液を流しています（下の図）。

　血液の流れる経路は次の通りです！

> 大静脈→右心房→（弁）→右心室→（弁）→肺動脈→肺→肺静脈
> →左心房→（弁）→左心室→（弁）→大動脈→全身→…

　なお，右心房の大静脈との境界の部分には，洞房結節（ペースメーカー）とよばれる特殊な場所があり，この部分から自動的に周期的な電気信号を発して，これにより心臓が一定のリズムで収縮しています！　心臓は体の外に取り出しても，しばらくの間，動き続けますが，これは洞房結節のはたらきのおかげなんです♪

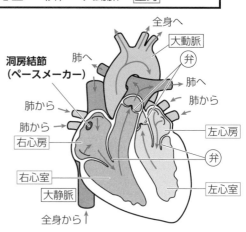

心臓の断面と血流の方向

5 酸素と二酸化炭素の運搬

> 酸素は赤血球が運びますね！　二酸化炭素は血しょうに溶かして運ぶんですよ！

酸素は赤血球に含まれるヘモグロビン(Hb)というタンパク質に結合して運ばれるんでしたね。肺のように酸素（O_2）濃度が高く，二酸化炭素（CO_2）濃度が低い環境では，ヘモグロビンは酸素と結合して酸素ヘモグロビン（HbO_2）になります。一方，筋肉などの組織のように酸素濃度が低く，二酸化炭素濃度が高い環境では，酸素を離してヘモグロビンに戻ります。よって，

ヘモグロビンは肺で酸素を受け取って，組織でその酸素を離すことができます。

酸素ヘモグロビンを多く含む血液を**動脈血**，酸素ヘモグロビンの少ない血液を**静脈血**といいます。動脈血は鮮やかな赤色，静脈血は暗赤色をしていますよ。

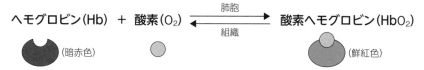

酸素濃度と酸素ヘモグロビンの割合の関係をグラフにしたものを**酸素解離曲線**といいます。確かに，酸素濃度が高いほど，酸素ヘモグロビンの割合が高くなっていますね？　また，二酸化炭素濃度が高い場合のグラフのほうが下側（右側）にズレており，呼吸が活発で多くの二酸化炭素を出している組織ではヘモグロビンが酸素を離しやすくなることがわかります！

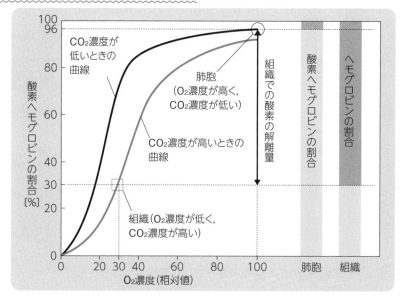

続いて，二酸化炭素の運搬です！

組織で生じた二酸化炭素（CO_2）は，炭酸水素イオン（HCO_3^-）になって，血しょうに溶けて運ばれます。CO_2の運搬の様子を表した次の図を見てみましょう（図中の①〜④が解説の①〜④に対応しています）！

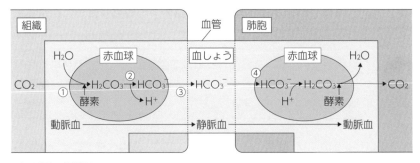

上の図の解説 ♪

① 組織から受け取った CO_2 は赤血球に入って，酵素のはたらきで H_2CO_3（炭酸）になる。

② 炭酸は H^+（水素イオン）と HCO_3^-（炭酸水素イオン）に分かれる。

③ 生じた HCO_3^- は赤血球を出て血しょうに溶け込み，運ばれる。

④ 肺胞で，HCO_3^- は再び赤血球に入り酵素のはたらきにより HCO_3^- が再び H_2CO_3 になって，さらに CO_2 と H_2O に分かれ，生じた CO_2 は体外へと放出される。

チェック問題 1  思 標準 3分

問1 体液に関する記述として最も適当なものを，次の①〜⑤のうちから一つ選べ。

① 血液が流れる血管の壁は，動脈，毛細血管，静脈の順に薄い。

② リンパ液は，静脈で血液に合流する。

③ 血しょうは無機塩類やグルコースを含むが，タンパク質は含まない。

④ 赤血球中のヘモグロビンのうち，酸素ヘモグロビンとして存在している割合は，肺静脈中より肺動脈中のほうが多い。

⑤ 血液$1mm^3$あたりの血球数は，赤血球より白血球のほうが多い。

問2 血液循環は，心臓の左心室と右心室を仕切る壁によって，肺循環と体循環の２つに大別されている。肺循環では，全身から集められた血液が右心室から肺へと送られ，肺で二酸化炭素を放出し，酸素を取り込んだ後，左心房へと戻る。体循環では，肺から戻った血液が左心室

から全身へと送られ，毛細血管で各組織に酸素を供給し，二酸化炭素を受け取り，右心房へと戻る。この2つの血液循環において，左心室と右心室を仕切る壁に大きな穴があいた場合に起きると考えられることとして最も適当なものを，次の①～④のうちから一つ選べ。

① 肺静脈から左心房に戻ってきた血液の一部が，再び，肺へと送り出されるようになる。

② 肺動脈を流れる血液が，肺静脈を流れる血液よりも多くの酸素を含むようになる。

③ 左心室から送り出された血液の一部が，全身を巡った後，左心房へと戻るようになる。

④ 右心室から送り出された血液の一部が，肺に到達した後，右心房へと戻るようになる。

（センター試験　本試験・改）

第3章　生物の体内環境

解答・解説

問1　②　　問2　①

問1　① 血管壁が最も厚いのは動脈ですね。また，毛細血管は一層の内皮細胞からできているので，最も血管壁が薄いこともわかりますね。

② リンパ液は鎖骨下静脈で血液に合流しましたね。

③ 血しょう中にはタンパク質も含まれていますよ！　例えば…，アルブミンとかインスリンとか！

⑤ 血球（有形成分）の数は，赤血球が最も多く，白血球が最も少ないんでしたね。

問2　さて，クイズです！

 左心室と右心室とでは，どちらのほうが内圧が高いと考えられますか？

……‼　左心室っ！　だって，肺に血液を送り出すより全身に血液を送り出すほうが，大きな力が必要でしょ⁉

発想がすばらしいですね。その通りなんです。その証拠に，左心室の筋肉のほうが右心室より厚いでしょ⁉　というわけで，左右の心室の間の壁に穴があいてしまった場合，血液は圧力の高い左心室から右心室へと流れてしまいますね。これについて正しく記述できている選択肢を，探しましょう。

左心室の血液（＝肺から戻ってきた血液）の一部が，右心室に行き，また肺に向かって押し出されてしまうから，①が**正解**ですね。

チェック問題2　思　標準　3分

　動脈血中の酸素ヘモグロビン（HbO$_2$）の割合（％）は，図1のような光学式血中酸素飽和度計を用いて，指の片側から赤色光と赤外光とを照射したときのそれぞれの透過量をもとに連続的に調べられる。図2は，HbとHbO$_2$が様々な波長の光を吸収する度合いの違いを示しており，縦軸の値が大きいほどその波長の光を吸収する度合いが高い。光学式血中酸素飽和度計では，実際の測定値を，あらかじめ様々な濃度で酸素が溶けている血液を使って調べた値と照合することで，動脈血中の HbO$_2$ の割合を求めている。

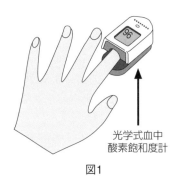

光学式血中
酸素飽和度計

図1

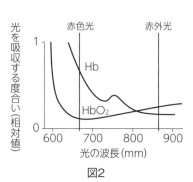

図2

問　下線部に関連して，図2を参考に，光学式血中酸素飽和度計を用いた測定に関する記述として最も適当なものを，次の①〜④のうちから一つ選べ。
　① 動脈血は，赤色光に比べて赤外光の透過量が多い。
　② 組織で酸素が消費された後の血液は，赤色光が透過しやすい。
　③ 血管内の血流量が変化すると，それに伴い赤色光と赤外光の透過量も変化するため，透過量の時間変化から脈拍の頻度を知ることができる。
　④ 赤外光の透過量から，動脈を流れる Hb の総量を知ることができる。

（共通テスト・改）

③

　光学式血中酸素飽和度計という難しそうな名称ですが，図1の機械をテレビで見たことありませんか？　これはパルスオキシメーターという名称で知られていて，新型コロナウイルス感染症（COVID-19）が拡大した際に，血中の酸素が不足していないかどうかを調べる目的で購入した方も多かったようです。

僕の家にもパルスオキシメーターが1個あります！

　さて，図2より，Hb と HbO_2では光を吸収する度合いに違いがあることがわかります。しかし，赤外光を吸収する度合いにはあまり差がなく，赤色光を吸収する度合いに大きな差があることが読み取れますね。Hb のほうが赤色光を吸収する度合いが大きいので，Hb の割合が高い静脈血のほうが動脈血よりも赤色光をよく吸収すると考えられます。

①　動脈血では，大半のヘモグロビンが HbO_2として存在しています。HbO_2は赤色光よりも赤外光を吸収する度合いが大きく，赤色光のほうが吸収されずに透過しやすいですね。よって，**誤り**です。

②　「組織で酸素が消費された後の血液」はもちろん静脈血です。①とは逆に，静脈血は Hb の割合が高く，赤色光の吸収の度合いが大きいですね。よって，赤色光は吸収されてしまい，透過しにくいことがわかります。よって，これも**誤り**です。

③　多くの血液が流れていれば，光が多く吸収されますので，赤色光や赤外光の透過量を調べれば，「血流量が多い→血流量が少ない→血流量が多い→…」という変化を調べられますので，脈拍の頻度を調べることができます。ちょっと難しい選択肢ですので，消去法で選択してもかまいませんが，**正しい記述**です。

④　Hb と HbO_2で赤外光の吸収の度合いは大きく違いませんので，赤外光の透過量だけで Hb の総量を決めることができません。よって，**誤り**ですね。

9 体内環境の維持のしくみ

1 神経系

神経系は，体の状態を調節する際の情報伝達において，とても重要な役割を果たしていますよ！

神経細胞（ニューロン）が多数集まって構成される器官をまとめて神経系といいます。神経細胞は，細胞の一部が突起として長く伸びた特殊な構造をしています。

神経細胞

ヒトを含めた脊椎動物の神経系は中枢神経系と末梢神経系に分けられます。中枢神経系は脳と脊髄のことです！　脳は大脳，間脳，中脳，小脳，延髄などからなります。

末梢神経系は全身に張り巡らされた神経で，中枢神経系と体の各器官をつないでいます。さらに，末梢神経系は運動神経と感覚神経からなる体性神経系と，交感神経と副交感神経からなる自律神経系に分けられます。

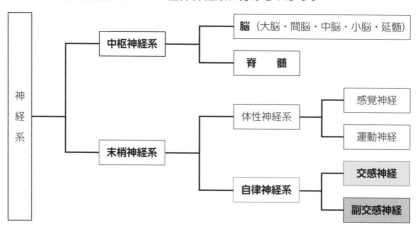

2 脳の構造とはたらき

 脳死という言葉を聞いたことあるかな？

臓器提供とかの話ですか？　なんとなく知っていますが，ちゃんとわかっているわけではないです

　多くの人がそんな感じですよね。この項では，脳の構造とはたらきを学び，脳死とはどういう状態なのかを理解したいと思います！

　脳のうち，間脳から中脳，延髄にかけての領域をまとめて脳幹といいます。脳幹の領域は，生命維持に重要な機能をもっています。

 下の図からもわかる通り，脳の幹の部分だから「脳幹」とよばれるんですよ。

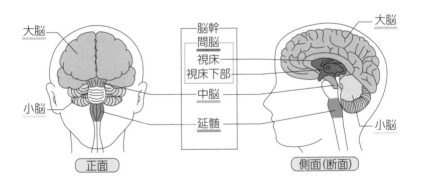

脳の各部位のはたらきを簡単にまとめましょう！

大　脳		感覚，随意運動，記憶，思考，感情などの中枢
間　脳	視　床	感覚神経の中継点となる。
	視床下部	自律神経系と内分泌系の調節
中　脳		姿勢の保持，眼球運動，瞳孔の調節の中枢
延　髄		呼吸運動や心臓の拍動の調節中枢
小　脳		運動の調節，体の平衡を保つ中枢

脳が損傷を受け，脳幹を含む脳全体の機能が停止して回復不可能な状態になると，**脳死**と判断されます。これに対して，大脳の機能は停止しているが脳幹の機能が残っている状態は植物状態とよばれます。植物状態の場合，自力での呼吸や心臓の拍動などは可能です。

脳死の状態になると，自力での呼吸などができないということですか？

その通りです。脳死は人工呼吸器や薬剤を用いなければ，呼吸や心臓の拍動を維持できない状態です。脳死の判定は極めて厳密に行われており，自発呼吸の停止，平坦な脳波などの全項目に該当し，適当な時間が経過した後でも，その状態に変化がない場合に脳死と判定されます。

脳死の状態になっても臓器の機能は正常であることが多く，脳死患者の心臓などを移植する脳死臓器移植も行われています。

脳死患者からの移植は，患者本人の事前の意思や，家族の承諾などを踏まえて行われますよ。

3 自律神経系

自律神経は autonomic nerves です。autonomy は「自治」っていう意味だね。意識に支配されず，勝手にはたらいてくれる神経というニュアンスになるね。

私たちの体内環境（⇒ p.48）は**自律神経系**と**内分泌系**が協調してはたらくことで調節されています。

自律神経系には**交感神経**と**副交感神経**があり，**間脳**の**視床下部**に支配されています。交感神経は活動時や興奮時にはたらき，副交感神経は食後や休息時などのリラックスしたときにはたらきます。

右のイラストは，交感神経のはたらきのイメージを表現した図だよ！

なかなかヤバいイラストですが…，イメージはよくわかりました。

立毛筋収縮
→毛が立つ

瞳孔拡大

血管収縮
→血圧上昇

心臓の
拍動促進

ドキ
ドキ

消化管の
運動抑制

消化液の
分泌抑制

シーン

イメージをつかんだところで，交感神経と副交感神経のはたらきを確認してみよう！ イメージがつかめれば簡単に覚えられます。

対象となる器官	交感神経	副交感神経
ひとみ（瞳孔）	拡大	縮小
心臓の拍動	促進	抑制
気管支	拡張	収縮
消化管の運動	抑制	促進
ぼうこうの運動（排尿）	抑制	促進
立毛筋	収縮	分布していない

 下の図を見たことあるかな？

こんな複雑な図は，覚えられないです‼

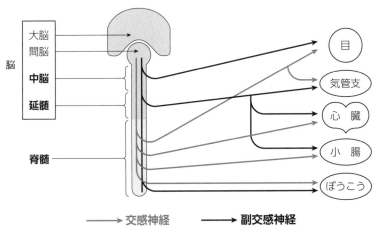

―――→ 交感神経　　―――▶ 副交感神経

交感神経はすべて脊髄から出ています。副交感神経は一部が脊髄の下部から，大部分が脳（中脳と延髄）から出ています。

 交感神経と副交感神経がどこから出ているかは，シッカリと押さえてくださいね。

4 心臓の拍動調節

ハァハァ…走ってきたから疲れた（´Д｀）
走ったら心臓の拍動が速く…なるよね…，ハァ〜…

心臓（⇒ p.52）は心臓自身が一定のリズムで拍動する性質をもっていますが，自律神経系によって拍動のスピードや強さが調節されています。

運動などによって血液中の二酸化炭素濃度が変化すると，延髄にある心臓拍動の中枢でこれが感知されます。すると，心臓の<u>洞房結節</u>（ペースメーカー）に分布している交感神経と副交感神経を介して，心臓の拍動を調節することができます。

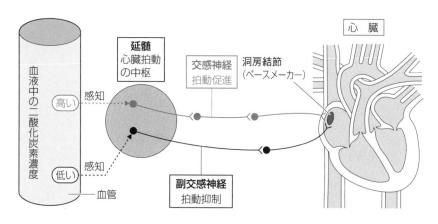

チェック問題 1　　易　1分

胃腸の運動と心臓の拍動に対する交感神経の作用の組合せとして最も適当なものを，次の①〜④のうちから一つ選べ

	胃腸の運動	心臓の拍動
①	促 進	促 進
②	促 進	抑 制
③	抑 制	促 進
④	抑 制	抑 制

（センター試験　追試）

③

61ページの表を覚えているかどうかを確認する問題です。交感神経がはたらくときのイメージをつかめていれば，正解を選べますね！

5 ホルモンの分泌とその調節

ホルモンの語源はギリシャ語で「刺激する，呼び覚ます」という意味の単語です。

ホルモンは**内分泌腺**から血液中に直接分泌され，血液によって全身を巡り，特定の器官の細胞（**標的細胞**）に対して特異的にはたらきかけます。

全身に運ばれるのに，どうして特定の細胞だけに作用できるんですか？

いいところに気がつきましたね！　標的細胞は特定のホルモンと特異的に結合する**受容体**をもっています。ホルモンは受容体に結合して作用するので，標的細胞だけに作用できるんですよ！　下の図のようなイメージをもっておくとよいでしょう。

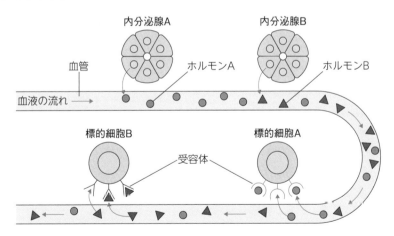

ホルモンを血液中に分泌する器官や細胞を内分泌線というのに対し，汗や消化液（だ液，胃液など）を体外や消化管内に分泌する器官や細胞を**外分泌腺**といいます。外分泌腺は，分泌物を体外へ送る排出管という管があります。

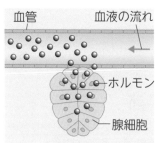

内分泌腺

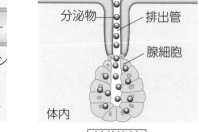

外分泌腺

　すい臓は**すい液**という消化液を分泌する外分泌腺と，**ランゲルハンス島**というホルモンを分泌する内分泌腺の両方をもっています。

内分泌腺にはどんなものがあるんですか？

 脳下垂体，甲状腺，副腎，すい臓のランゲルハンス島…，いろいろありますが，まずは脳下垂体について学びましょう。

　脳下垂体（下垂体）は，間脳の視床下部にぶら下がるような位置，形でついている（注：本当にプラ〜ンとぶら下がっているわけではありません!!!）ことから，このような名前がつけられました。脳下垂体は**前葉**と**後葉**とよばれる2つの部分からなります。

　脳下垂体には右の図のように毛細血管や**神経分泌細胞**が存在しています。なお，神経分泌細胞とはホルモンを分泌する神経細胞（ニューロン）のことです！前葉は血管を介して視床下部の神経分泌細胞から分泌されたホルモンによって支配されています。一方，神経分泌細胞は視床下部から後葉の毛細血管まで伸びていますね。**バソプレシン**は，この神経分泌細胞によって分泌されるホルモンです。

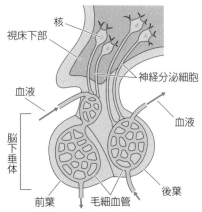

バソプレシンは腎臓の集合管（⇒ p.78）に作用して，水の再吸収を促進するホルモンです。バソプレシンの分泌が促進されると，尿量は減少し，尿の濃度が高くなります！

ホルモンの分泌はとっても巧みに調節されています！ **甲状腺**から分泌される**チロキシン**を例に説明します。右の図を見ながら読んでください！

視床下部から**甲状腺刺激ホルモン放出ホルモン**が分泌され，これが脳下垂体前葉に作用すると**甲状腺刺激ホルモン**が分泌されます。甲状腺刺激ホルモンが甲状腺に作用すると，甲状腺からチロキシンが分泌されます。やが

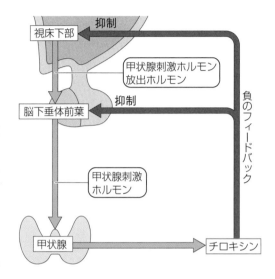

て，チロキシンの濃度が高まると，チロキシンが視床下部や脳下垂体前葉に作用して，ホルモンの分泌を抑制します。

「チロキシン余ってるよ～！ ホルモン分泌止めて～！」って感じですね。

このように，最終産物や最終産物による効果が最初の段階に戻って全体を調節することを**フィードバック調節**といいます！ そして，結果と反対方向の変化を促す場合を**負のフィードバック調節**，結果と同じ方向の変化を促す場合を**正のフィードバック調節**といいます。負のフィードバック調節は「元に戻す」とか「安定を保つ」というイメージですね。

ところで，チロキシンはどんなはたらきをするんですか？

せっかくですので，次のページに代表的なホルモンについて，内分泌腺と分泌されるホルモン，そのはたらきをまとめておきます。

内分泌腺		ホルモン	主なはたらき
視床下部		放出ホルモン 放出抑制ホルモン	脳下垂体前葉からのホルモン分泌の調節
脳下垂体	前葉	成長ホルモン	タンパク質の合成促進，骨の発育促進
		甲状腺刺激ホルモン	チロキシンの分泌促進
		副腎皮質刺激ホルモン	糖質コルチコイドの分泌促進
	後葉	バソプレシン	集合管での水の再吸収促進
甲状腺		チロキシン	代謝促進
副甲状腺		パラトルモン	血中の Ca^{2+} 濃度上昇
副腎	髄質	アドレナリン	グリコーゲンの分解促進
	皮質	糖質コルチコイド	タンパク質からの糖の合成促進
		鉱質コルチコイド	腎臓での Na^+ の再吸収促進 腎臓での K^+ の排出を促進
すい臓ランゲルハンス島		インスリン	グリコーゲンの合成促進 細胞のグルコース取り込み促進
		グルカゴン	グリコーゲンの分解促進

　成長ホルモンはその名の通り，成長を促進するホルモンです。骨の発育を促進するほか，筋肉などの成長のために必要なタンパク質の合成を促進するはたらきもあります。

　パラトルモンは，血中のカルシウムイオン（Ca^{2+}）濃度が低下すると分泌され，骨を溶かしたり，原尿からの Ca^{2+} の再吸収を促進したりして，血中の Ca^{2+} 濃度を上昇させます。

　鉱質コルチコイドは，腎臓の細尿管や集合管でのナトリウムイオン（Na^+）の再吸収を促進したり，カリウムイオン（K^+）の尿への排出を促進したりします。これによって体液中の Na^+，K^+ の濃度を調節しています。

成長ホルモン，パラトルモン，鉱質コルチコイド以外のホルモンは後のページで登場します！

6 血糖濃度の調節

いきなりですが…，血糖濃度の意味はわかっていますか？

「血液中の糖の濃度」じゃないんですか？？

　ブッブー！　**血糖濃度**は「血液中のグルコースの濃度」です。グルコース以外の糖が溶けていても血糖としてはカウントされません！　ヒトの血糖濃度は，食事によって上昇したり，運動によって低下したりしますが，約**0.1%**（≒**1mg/mL**，**100mg/100mL**）になるように調節されています。

　血糖濃度は，下の図のように調節されています。

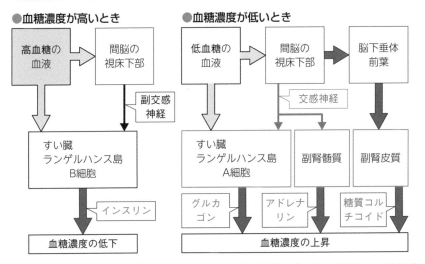

●血糖濃度が高いとき　　●血糖濃度が低いとき

　食事などによって血糖濃度が上昇すると，視床下部がこれを感知し，副交感神経によってすい臓の**ランゲルハンス島**の**B細胞**を刺激します。すると，B細胞から**インスリン**が分泌されます。

「食事をしたら副交感神経」のイメージですね！

　すばらしい！　その通りだね♪　実は，上の図からもわかると思うけど，ランゲルハンス島のB細胞自身も血糖濃度の上昇を直接感知して，インスリンを分泌することができます。

インスリンは肝臓や筋肉に作用し，ここでの**グリコーゲン**の合成を促進します。また，様々な細胞に対して作用し，標的細胞によるグルコースの取り込みや消費を促進します。

あのぉ…，グリコーゲンって何ですか？

グリコーゲンというのはグルコースがたくさんつながった物質です。肝臓や筋肉の細胞内でグリコーゲンをどんどんつくれば，血液からグルコースがどんどん取り込まれて，血糖濃度は低下します！

グルコースがいっぱい　　　　　　グリコーゲンが1つ

では，逆に激しい運動などで血糖濃度が低下すると，視床下部が感知して**交感神経**を通じて**副腎髄質（ふくじんずいしつ）**から**アドレナリン**が分泌されます。アドレナリンは肝臓に作用してグリコーゲンを分解してグルコースをつくらせ，血糖濃度を上昇させます。また，交感神経の刺激によってすい臓の**ランゲルハンス島（とう）のA細胞（ぼう）**から**グルカゴン**が分泌されます。グルカゴンもアドレナリンと同様にグリコーゲンの分解を促進します。また，ランゲルハンス島A細胞自身が血糖濃度の低下を感知してグルカゴンを分泌することもできます。

血糖濃度の低下は命に関わります！
血糖濃度の低下に対する応答はまだあります!!

間脳の視床下部は**脳下垂体前葉**を刺激して**副腎皮質刺激ホルモン**を分泌させ，その結果，**副腎皮質**から**糖質コルチコイド**が分泌されます。糖質コルチコイドは様々な組織の細胞に対して作用し，タンパク質からグルコースを合成（糖新生（とうしんせい））させ，血糖濃度を上昇させます。

糖質コルチコイドは，強いストレスが加わったときにも分泌されることが知られています。強いストレスが継続的に加わると，血糖濃度が高くなってしまいます。

受験が迫ってきた受験生は，血糖濃度が高くなる傾向にあるんですね。

7 糖尿病

糖尿病は，血糖濃度が高い状態が続く病気です。糖尿病の原因は様々ですが，ランゲルハンス島のB細胞が破壊され，インスリンが分泌できなくなることが原因の糖尿病をⅠ型糖尿病(⇒ p.95)といいます。そして，これ以外の原因による糖尿病をⅡ型糖尿病といいます。Ⅱ型糖尿病には，B細胞の破壊とは別の原因でインスリンが分泌できない場合，標的細胞がインスリンに反応できない場合など，様々な原因があります。

生活習慣病として扱われる糖尿病はⅡ型糖尿病です。日本人の糖尿病患者の多くはⅡ型糖尿病で，食事や運動などの生活習慣の見直しを必要とする場合が多いですね。

血糖濃度が高くなると腎臓で原尿中のすべてのグルコースを再吸収しきれなくなり，尿中にグルコースが排出されるため，糖尿病とよばれます。血糖濃度が高い状態が続くと腎臓に負担がかかるだけでなく，動脈硬化が起こり，心筋梗塞や脳梗塞のリスクが高まることがわかっています。

さて，問題です！ 下のグラフは健康な人と糖尿病の患者のAさんとBさんの食事前後の血糖濃度とインスリン濃度の変化のグラフです。AさんとBさんのどちらかがⅠ型糖尿病，他方がⅡ型糖尿病です。さぁ，Ⅱ型糖尿病なのは，どちらでしょうか？

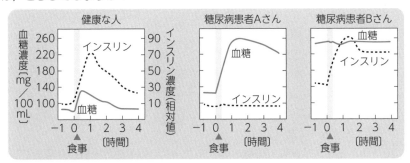

Ⅰ型糖尿病ではインスリンを分泌できないので，食後にインスリンが増えているBさんがⅠ型糖尿病ってことはないですね！だから…，Ⅱ型糖尿病はBさん！

完璧。

9 体内環境の維持のしくみ　69

チェック問題2

ネズミの甲状腺を手術によって除去し，10日後に調べたところ，手術前と比べて代謝が低下していた。このとき，ネズミの血液中で，最も増加していると推定されるホルモンを，次の①〜⑥のうちから一つ選べ。

① チロキシン　　　　② インスリン　　　　③ 成長ホルモン
④ 鉱質コルチコイド　⑤ 甲状腺刺激ホルモン　⑥ パラトルモン

(センター試験　本試験・改)

解答・解説

⑤

甲状腺を除去したことでチロキシン濃度が低下し，これが視床下部や脳下垂体前葉にフィードバックするため，甲状腺刺激ホルモンが増加すると考えられます。

チェック問題3

糖尿病は大きく2つに分けられる。1つは，Ⅰ型糖尿病とよばれ，インスリンを分泌する細胞が破壊されて，インスリンがほとんど分泌されない。もう1つは，Ⅱ型糖尿病とよばれ，インスリンの分泌量が減少したり，標的細胞へのインスリンの作用が低下する場合で，生活習慣病の一つであるものが多い。

問1 血糖濃度の調節に関する記述として**誤っているもの**を，次の①〜⑤のうちから一つ選べ。

① インスリンは，細胞へのグルコースの取り込みを促進する。
② グルカゴンは，肝臓などの細胞に作用して，血糖濃度を上昇させる。
③ アドレナリンは，グルコースの分解を促進し，血糖濃度を上昇させる。
④ 副腎皮質刺激ホルモンは，糖質コルチコイドの分泌を促進する。
⑤ 糖質コルチコイドは，タンパク質からグルコースの合成を促進し，血糖濃度を上昇させる。

問2 健康な人，糖尿病患者 A および糖尿病患者 B における，食事開始前後の血糖濃度と血中インスリン濃度の時間変化を次の図に示した。図から導かれる記述として適当なものを，後の①〜⑥のうちから二つ選べ。

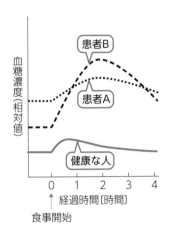 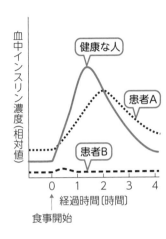

① 健康な人では，食事開始から2時間後の時点で，血中インスリン濃度は食事開始前に比べて高く，血糖濃度はしだいに食事開始前の値に近づく。

② 健康な人では，血糖濃度が上昇すると血中インスリン濃度は低下する。

③ 糖尿病患者 A における食事開始後の血中インスリン濃度は，健康な人の食事開始後の血中インスリン濃度と比較して急激に上昇する。

④ 糖尿病患者 A は，血糖濃度ならびに血中インスリン濃度の推移から判断して，Ⅱ型糖尿病と考えられる。

⑤ 糖尿病患者 B では，食事開始後に血糖濃度の上昇がみられないため，インスリンが分泌されないと考えられる。

⑥ 糖尿病患者 B は，食事開始から2時間の時点での血糖濃度は高いが，食事開始から4時間の時点では低下して，健康な人の血糖濃度よりも低くなる。

（センター試験　追試験・改）

解答・解説

問1 ③　　問2 ①，④

問1 アドレナリンは肝臓の細胞に作用して，グリコーゲンの分解を促進し，血糖濃度を上昇させるホルモンでしたね。

問2 まず，患者Aと患者Bの結果を分析しましょう！　左の図より，どちらも健康な人よりも血糖濃度が高いですね。また，右側の図より患者Bはインスリンをほとんど分泌できていないことがわかります。さらに，患者Aはインスリンを分泌できているにもかかわらず血糖濃度が高いので，患者AはⅡ型糖尿病であることがわかります。このことから，④が**正しい**記述であることが決まります。

健康な人では，食事開始後，急激にインスリン濃度が上昇し2時間後も高く，血糖濃度は2時間後にはやや高いが，ほぼ食事開始前の血糖濃度に近づいているので，①も**正しい**記述と判断できます。

健康な人では，血糖濃度が上昇したら…，当然，インスリン濃度も上昇するので，②は**誤り**ですね。

また，患者Aはインスリンを分泌できてはいますが，健康な人のインスリン濃度のほうが急激に上昇しているので，③も**誤り**です。

患者Bは食事開始後に血糖濃度がわずかに上昇していますよね？　ですから，⑤も**誤り**です！

そして，患者Bは食事開始から2時間経過したころから血糖濃度が低下していますが，4時間の時点では健康な人よりも高いので，⑥も**誤り**です。

このような問題は，知識で解こうとせず，図をしっかりと見ながら選択肢を吟味してくださいね♪

8 肝臓の構造とはたらき

ところで，肝臓はどこにあるか，知っていますか？

えっと…，右の脇腹のあたりです…，よね？

　正解です♪　左下の図は，ヒトを正面から見た場合の臓器の位置関係を示した図，右下の図は肝臓の基本構造の肝小葉の断面図です。肝臓は，肝小葉が多数（←約50万個）集まったものなんです。

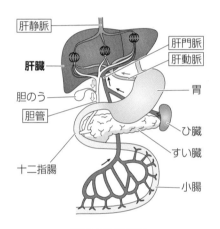

臓器の位置関係

肝静脈
肝臓
胆のう
胆管
十二指腸
肝門脈
肝動脈
胃
ひ臓
すい臓
小腸

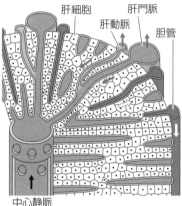

肝小葉の構造

肝細胞
肝動脈
肝門脈
胆管
中心静脈

　肝臓は成人で1.2〜2.0kgもあり，体内で最大の内臓器官です！　肝臓は他の臓器と異なり，肝動脈だけでなく肝門脈からも血液が供給されています。肝門脈は消化管やひ臓と肝臓をつなぐ血管で，消化管で吸収された栄養分や，ひ臓で破壊された赤血球の成分などを含む静脈血が流れています。

肝臓は英語で liver。そうです。食材としてはレバーです！
僕は…，焼き鳥ではレバーが大好きですね〜！

さて，肝臓には非常に多くのはたらきがあります。代表的なものを列挙していきますね。

① **血糖濃度の調節**

➡グルコースをグリコーゲンに変えて貯蔵する。また，必要に応じてグルコースに分解して血液中に放出する。

② **尿素の合成**

➡タンパク質を分解した際に生じる有害なアンモニア（NH_3）を，毒性の低い尿素に変える。

 合成された尿素は血液によって腎臓に運ばれ，尿の成分として体外に排出されます。

③ **胆汁の生成**

➡脂肪の消化を助ける消化液である胆汁を生成する。

④ **解毒作用**

➡アルコールなどの有害物質を分解処理する。

お酒を飲みすぎて肝臓が…，というやつですね。

⑤ **熱の発生（体温の保持）**

➡肝臓内で行われる反応に伴った発熱により，体温を保持する。

チェック問題4　　基本　1分

ヒトの肝臓の機能についての記述として正しいものを，次の①～④のうちから二つ選べ。

① タンパク質を合成して，血しょう中に放出する。
② 胆汁を貯蔵して，十二指腸に放出する。
③ 尿素を分解して，アンモニアとして排出する。
④ 発熱源となり，体温の保持にかかわる。

（オリジナル）

①, ④

胆汁をつくるのは肝臓ですが，貯蔵する場所は胆のうでしたね。よって，②
は**誤り**です。また，肝臓ではアンモニアから尿素をつくります。よって，③
も**誤り**の記述となります。

なお，④については次の体温調節のしくみを学んでしまえば，**正しい**記述だ
と容易に判断できるようになります！

9 体温調節

> いやぁ，今朝は寒かった！
> でも，恒温動物の私たちは体温を保てる，すごいですね!!

　体温は発熱量と放熱量のバランスによって調節しているんですよ。せっかく
発熱量を増やしても，放熱量を減らさないと熱は逃げて行ってしまうでしょ？
次の図に，寒いときの体温調節のしくみをまとめました。

●寒いときの体温調節

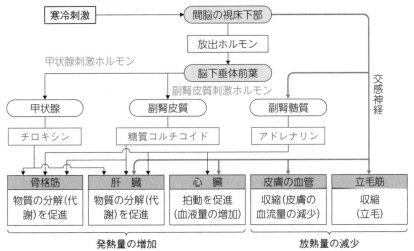

寒いときのしくみを覚えるだけでいいんですか？

　恒温動物の体温調節は，原則として寒いときに体温の低下を防ぐためのしくみなんです。だから，まず寒いときのしくみを理解して覚えることが優先です。

　体温が低下したときや寒いとき，体温調節中枢である**間脳の視床下部**が皮膚や血液の温度低下を感知すると**交感神経**によって**皮膚の血管**や**立毛筋**などが刺激されて収縮し，放熱量が減少します。また，**チロキシン，アドレナリン，糖質コルチコイド**などの分泌が促進され，肝臓や筋肉などでの代謝が促進されて発熱量が増加します。さらに，骨格筋が収縮と弛緩をくり返してふるえが起こり，熱が発生します。

立毛筋って，交感神経しか分布していないんでしたね!?

すばらしい！　よく覚えていますね。
実は，皮膚の血管にも交感神経しか分布していないんですよ。

　一方，体温が上昇したときや暑いときは，交感神経を通して汗腺からの**発汗**を促進します。

チェック問題5　　標準 1分

　体温調節中枢がはたらいた結果起こる現象として最も適当なものを，次の①〜⑥のうちから一つ選べ。

① 　副腎髄質が刺激されて糖質コルチコイドの分泌が増加すると，放熱量(熱放散)が増加する。
② 　副腎皮質が刺激されて鉱質コルチコイドの分泌が増加すると，発熱量が増加する。
③ 　チロキシンの分泌が増加して肝臓の活動が高まると，発熱量が増加する。
④ 　アドレナリンの分泌が増加して筋肉の活動が高まると，発熱量が減少する。
⑤ 　交感神経が興奮して汗の分泌が高まると，放熱量が減少する。
⑥ 　副交感神経が興奮して汗の分泌が高まると，放熱量が減少する。

(センター試験　本試験・改)

③

糖質コルチコイドは副腎皮質から分泌されるので，①は**誤り**です。また，鉱質コルチコイドは体温調節とは関係ありませんので，②も**誤り**です。アドレナリンは発熱量を増加させますので，④も**誤り**です。また，汗は暑いときにかきますよね？　もちろん，汗は体温を下げるためにかくので，汗をかくと放熱量が大きくなります。よって，⑤と⑥も**誤り**です。

10 腎臓の構造とはたらき

次の腎臓の断面図を見てみましょう！　腎臓の形…，何かに似ていると思わない？

えっ!? えぇ〜っと…，ボクの家のテーブルがこんな形してます…

まぁ，そうなのかもしれないけど（汗）。豆！
豆の形に見えませんか？
腎臓は英語で kidney，インゲンマメは英語で kidney bean です！
腎臓みたいな形のマメってことですね。

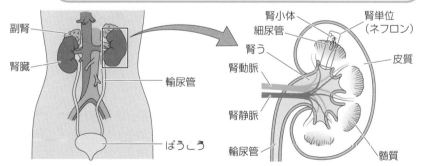

　腎臓は腹部の背側の左右に1対存在する臓器で，尿をつくっています。右半身には肝臓があるので，右側の腎臓のほうがちょっと下にあります。腎臓には**腎動脈**，**腎静脈**，**輸尿管**がつながっています。腎臓は**皮質**，**髄質**，**腎う**という3つの部分から構成されていて，つくられた尿は腎うに集められ，輸尿管によって**ぼうこう**に運ばれます。

腎動脈は腎臓に入ると枝分かれし，下の図のように毛細血管が球状に密集した**糸球体**となります。糸球体は**ボーマンのう**に包まれており，両者を合わせて**腎小体**といいます。

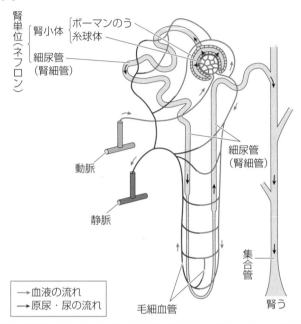

腎単位（ネフロン）
腎小体
　ボーマンのう
　糸球体
細尿管（腎細管）
ボーマンのう
糸球体
動脈
静脈
細尿管（腎細管）
集合管
腎う
毛細血管

→ 血液の流れ
→ 原尿・尿の流れ

「のう」は袋という意味だよ！ ボーマンさんによって発見された袋だからボーマンのうといいます。

　ボーマンのうは**細尿管**（腎細管）という管につながっており，細尿管が多数集まって**集合管**になり，腎うにつながります。腎小体と細尿管を合わせて**腎単位**（ネフロン）といい，これが腎臓の構造の基本単位で，1個の腎臓には腎単位が約100万個あります。腎単位は腎臓の皮質と髄質にかけて存在しています！よ～く，上の図を見ておいてくださいね。
　細尿管が一度髄質に行き，Uターンして皮質に戻り集合管とつながり，集合管はまた髄質に行き，腎うまで伸びていくんですね!!

覚える単語が山盛りありますね…。

尿生成の流れを何回か確認していくと，自然と覚えられる用語が多いから，ご心配なく！

チェック問題6

思 標準 2分

次の図はヒトの腹部の横断面を模式的に表したものである。図中の**ア〜カ**のうち肝臓，腎臓を示すものはそれぞれどれか。最も適当なものを，後の①〜⑥のうちから一つずつ選べ。

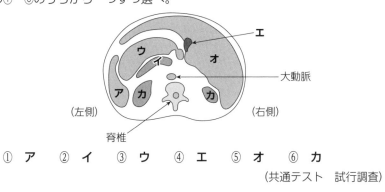

① ア ② イ ③ ウ ④ エ ⑤ オ ⑥ カ

（共通テスト　試行調査）

解答・解説

肝臓：⑤，腎臓：⑥

　肝臓の大部分は右半身にあり，最大の臓器であるという知識を踏まえて図を吟味すると，**オ**と予想することができますね。腎臓は左右に1対あることから，**カ**と予想できます。なお，**ア**はひ臓，**イ**はすい臓，**ウ**は胃，**エ**は胆のうです。教科書などの臓器の配置の図をよ〜く眺めながら対応させてください！　よい脳トレになりますよ！

11 尿生成のしくみ

腎臓ではどうやって尿をつくるんですか？

ろ過，**再吸収**という2つのステップでつくります。
順番に学びましょう！

❶ ろ　過

　糸球体は血管が細く，血圧がとても高くなっています。この血圧によって血しょうの一部がボーマンのうへと押し出されます。このプロセスを**ろ過**，ボーマンのうへ押し出された液体を**原尿**といいます。

　なお，血球は大きいのでボーマンのうへろ過されません。また，タンパク質も分子が大きいのでろ過されません。それ以外の水，Na^+，グルコース，尿素などはろ過されます。

ろ過される物質の濃度は，血しょう中と原尿中で同じとみなすことができます。

原尿にはグルコースやNa^+といった必要な物質も多く含まれていますね。

その通り！　だから，必要な物質は血液に戻します！
このプロセスが次の再吸収です。

❷ 再 吸 収

　原尿は，細尿管から集合管へと流れていきます。このとき，体に必要な物質（水，Na^+，グルコースなど）は細尿管を取り巻く毛細血管に**再吸収**されます。様々な物質が再吸収されながら細尿管を通過した原尿は集合管に入り，ここでさらに水が再吸収されて尿が完成します。

細尿管では水や様々な物質が，集合管ではさらに水が再吸収されるんですね！　知らなかったぁ～。

どの程度再吸収されるかは物質ごとに異なります。体に必要な物質は高い割合で再吸収されますが，老廃物などはあまり再吸収されません。また，**ホルモン**によって再吸収が調節される物質もあります（⇒ p.66）。下の図は尿生成のしくみを表す模式図です！

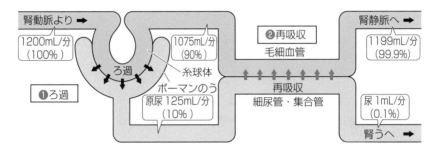

12 体液の塩分濃度と体液量の調節

 血糖濃度が下がると「お腹が空いた～」って感じるね。
血液の塩分濃度が上昇するとどんな感じになるかな??

きっと「濃度を下げたい」っていう気持ちですね！　水で薄めたい…水を飲みたい…あっ！　「のどが渇いた～」って感じ!!

すごい！　だいぶ論理的に考察できるようになってきましたね♪

体液の塩分濃度は，次のページの図のように，視床下部が常に感知していて，発汗などにより塩分濃度が上昇すると，脳下垂体後葉から**バソプレシン**が分泌されます。バソプレシンは**集合管**での水の再吸収を促進しますので，体液の水分量が増加し，体液の塩分濃度が低下します。逆に水を飲むなどして体液の塩分濃度が低下した場合には，バソプレシンの分泌が抑制されます（次のページの図）。

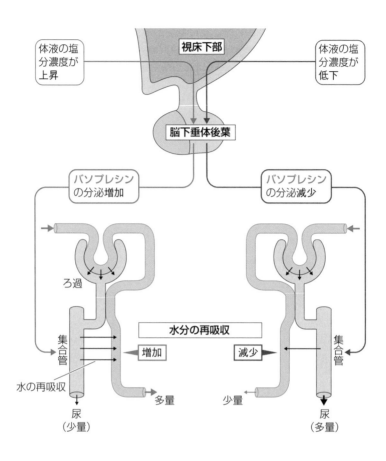

10 免　疫

1 免疫とは…？

> さぁ,『生物基礎』の目玉商品「免疫」だ！
> ちゃんと勉強して，巷に出回っている怪しい健康グッズ
> や民間療法に騙されない大人になろう！

　私たちの体には病原体などの異物の侵入を防いだり，侵入した異物を排除したりすることで体を守るしくみがあり，これを**免疫**といいます。

　免疫は基本的に3つのステップからなります。

> ①　物理的・化学的防御
> ②　自然免疫
> ③　適応免疫（獲得免疫）

> ①と②を合わせて自然免疫という場合もあります。

> 免疫って体のどこで誰がやっているんですか？

　①の物理的・化学的防御は，もちろん外界と接している場所でやっていますよね。例えば,，**気管**や**消化管**といった器官の**粘膜**や**皮膚**などです。

　②や③は**白血球**（⇒ p.48）がやっています。もちろん，異物が侵入した場所で行われるんだけど，**リンパ節**や**ひ臓**は③の適応免疫が起こる主な場所になっています。

> では，免疫担当細胞に登場してもらおう！
> 免疫担当細胞には食細胞とリンパ球がいます。

私たち食細胞！

マクロファージ

盛んに**食作用**をする**食細胞**です！
取り込んだ異物といっしょに死滅
することが多い，健気なヤツです♪

好中球

大型の食細胞です！　大きいから「macro-」
という名前なんですよ！　**炎症**（⇒ p.86）な
ど，様々な免疫応答を調節するはたらきもあ
ります。

樹状細胞

樹木の枝のような突起が多くあること
から名前がつきました。
食細胞です！
抗原提示をするのが主な仕事です♪

私たちリンパ球！

T細胞

適応免疫に関与しま
す。**胸腺**（= Thymus）
で成熟します。
**キラーT細胞，ヘル
パーT細胞**などの種
類があります。

本名は…，**ナチュラルキラ
ー細胞**，Natural Killer の
頭文字をとって **NK細胞**。
ウイルスなどが感染した細
胞やがん細胞を破壊しま
す。

B細胞

適応免疫に関与します。
活性化すると**形質細胞**（**抗体産生
細胞**）となり，**抗体**を産生します。

NK細胞

2 物理的・化学的防御

では，①の物理的・化学的防御についてまとめましょう。私たちの皮膚の表面は角質層という死細胞からなる層があり，病原体の侵入を防いでいます。また，汗や皮脂は皮膚表面を弱酸性に保ち，微生物の繁殖を防いでいます。さらに，汗，涙，だ液には細菌の細胞壁を破壊するリゾチームという酵素や，細菌の細胞膜を破壊するディフェンシンというタンパク質が含まれています！

「鉄壁のディフェンス」っていう感じですね！

皮膚以外もすごいですよ！ 気管などの粘膜では繊毛という毛の運動によって異物を体外に送り出しています。「なかなかうまく送り出せないな…」というときには，咳やくしゃみをして気合いで排出します！

食物に付着して侵入を試みる病原体には，胃液が活躍します。なんせ胃液は強酸性(pH2)なので，たいていの細菌は死んでしまいます。また，私たちの皮膚や腸には常在菌という細菌がいてくれて，外から病原体が入ってきても繁殖しないように抑えてくれています。

3 自然免疫

 物理的・化学的防御を突破されてしまったら，まずは自然免疫だ！

自然免疫は，異物が体内に侵入した場合に速やかにはたらく非特異的なしくみで，様々な白血球によって行われます。

自然免疫と言えば…，まずは食作用です。食作用は，下の図のように細胞膜をダイナミックに動かして異物を包み込んで取り込み，取り込んだ異物を分解することです。食作用を行う細胞を食細胞といい，好中球，マクロファージ，樹状細胞などが代表的な食細胞です。

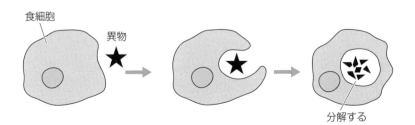

食細胞　異物　分解する

病原体を認識したマクロファージなどは付近の毛細血管にはたらきかけ，他の白血球を感染部位に誘引します。すると，病原体の侵入部位では活発に食作用が行われるとともに，NK細胞が**感染細胞**を破壊します。このような自然免疫が起こっている部位は赤く腫れ，熱や痛みをもつ状態になります。この現象を**炎症**といいます。

> NK細胞は，けっきょく何を殺すんですか？　病原体？

　いいところに気づいたようですね。NK細胞は感染した細胞(感染細胞)を殺すんです。ウイルスや一部の細菌などが細胞の中に入り込むと，細胞が感染してしまいます。この場合，NK細胞は感染細胞と正常細胞を区別して，感染細胞を殺してしまうんです！　NK細胞は**がん細胞**も正常細胞と区別して破壊することができます。

　ここで，異物を食作用で分解した樹状細胞はリンパ節へと移動し，適応免疫を誘導します！

4 血液凝固

> ケガをして出血してしまっても，傷が小さければカサブタができて止血できますよね？

> 最近では，カサブタをつくらないで傷を治すような絆創膏も売られていますよ！

> …まぁ，そうだけど…。
> その絆創膏（←商品名は言えません）を使わず，何も使わずに……，自然に傷を治すしくみを説明します（汗）。

　血管が傷ついて出血すると，血小板が傷口に集まって塊をつくります。そして，血小板は凝固因子を出して**フィブリン**という繊維状のタンパク質をつくります。

> フィブリン（fibrin）の語源は fiber（繊維）です。
> そのまんまの名前ですから覚えやすいですね！

フィブリンは網状になって血球を絡めて**血ぺい**という塊をつくり，これが傷口をふさぐことで出血が止まります。この血ぺいが乾いて固まったものが「カサブタ」です。

血液凝固は採血した血液を試験管に入れて静置した場合などにも起こり，このとき血ぺいは沈殿します。上澄みのうすい黄色の液体を**血清**（けっせい）といいます。

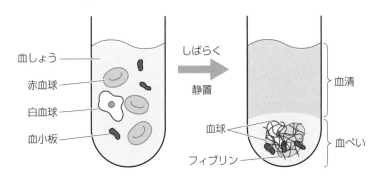

傷口をふさいでいた血ぺいは，そのあとどうなるんですか？

傷ついた血管が修復される頃になると，血ぺいはフィブリンを分解する酵素のはたらきによって溶解します。この現象を**線溶**（せんよう）（フィブリン溶解）といいます。

チェック問題 1　　思　標準　1分

　植物のヤナギから抽出された成分を含む薬を飲んだところ，その作用によって，けがで静脈が傷ついた際に，通常よりも出血が止まりにくくなった。このとき，ヤナギに含まれる成分が作用したと考えられる血球として最も適当なものを，次の①～③のうちから一つ選べ。

　① 赤血球　　② 白血球　　③ 血小板

（センター試験　追試験・改）

解答・解説

③

ヤナギの成分によって血液凝固が起こりにくくなったことから，この成分が血液凝固に関わる何らかのしくみを阻害したことが予想されます。そうすると，血液凝固において重要な役割を担っている血小板に作用したと考えるのが妥当ですね。

参考までに…，このヤナギに含まれる成分は，アセチルサリチル酸という物質（←覚える必要ないです!!）で，痛み止めとしても使われている物質なんです。

5 適応免疫

適応免疫（獲得免疫）は，T細胞が，自然免疫で病原体に反応した樹状細胞などから病原体の情報を受け取ることによって始まる反応で，病原体に対して特異的に反応します。また，適応免疫には**免疫記憶**ができるというすばらしい特徴があります。

> 一度かかった病気には再度かかりにくくなるっていうやつですね♪

適応免疫では，T細胞とB細胞というリンパ球がはたらきます。これらのリンパ球は一見するとチョット不器用で…，個々のリンパ球は1種類の**抗原**（←リンパ球が認識する物質のこと）しか認識できないんです。しかし，体内にはものすごい種類のリンパ球がつくられるので，基本的にはどんな異物が入ってきても認識できるリンパ球が存在することになるんです。実は…，この多様なリンパ球の中には自己成分を抗原と認識してしまう細胞もいるのですが，自己成分に対しては免疫がはたらかないような状態をつくっています！　この状態を**免疫寛容**といいます。

適応免疫には，抗体を用いて異物を排除する**体液性免疫**と，抗体を用いずにT細胞が感染細胞などを排除する**細胞性免疫**の2種類の反応があります。

❶ 細胞性免疫

 図でイメージを確認しながら…，細胞性免疫のしくみから説明します!!

　まず…，病原体を認識して活性化した樹状細胞が**リンパ節**に移動してきます! このとき，樹状細胞は取り込んで分解した病原体の断片（抗原断片）を細胞の表面に出しています。このはたらきを**抗原提示**といいます。

　樹状細胞は，提示している抗原に適合したT細胞と出会うとこれを活性化し，適応免疫がスタートします（下の図）。

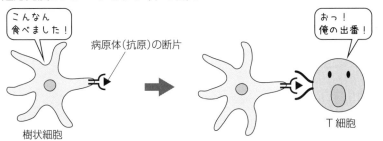

　樹状細胞からの抗原提示を受けて活性化した**キラーT細胞**が増殖し，感染部位へと移動し，提示された病原体に感染している細胞を特異的に破壊していきます。これが**細胞性免疫**です（下の図）。

 「ズバ〜ッ!」と殺さない感じが何とも恐ろしい（笑）

❷ 体液性免疫

　キラーT細胞とともに，樹状細胞からの抗原提示を受けて活性化した**ヘルパーT細胞**も増殖します。また，❶B細胞は病原体を自ら捕らえて活性化し，抗原提示します。そして，❷B細胞は同じ抗原に対して活性化しているヘルパーT細胞に出会うと，❸ヘルパーT細胞からの補助を受けてさらに活性化し

て増殖し，❹**形質細胞（抗体産生細胞）**に分化します。形質細胞は，**抗体**をドンドン放出します。この抗体を使って病原体を排除する反応が**体液性免疫**です（下の図）。

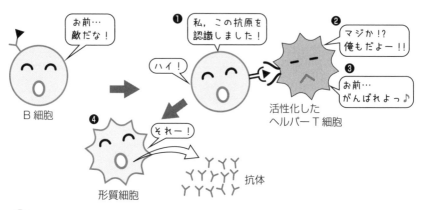

B細胞 ｜ 活性化したヘルパーT細胞 ｜ 形質細胞 ｜ 抗体

 上の図の会話は❶→❷→❸→❹の順に読んでください！

抗体はどうやって病原体をやっつけるんですか？

　抗体は**免疫グロブリン**という名前のタンパク質です。抗体は抗原に結合（←**抗原抗体反応**といいます）して，抗原が悪さをできないようにします。例えば，抗原となった病原体の毒性を低下させたり，増殖できなくしたりします。そして，抗体が結合した抗原はマクロファージによって速やかに排除されます（下の図）。

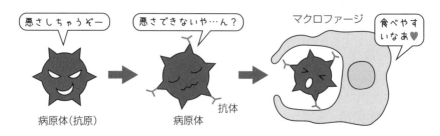

病原体（抗原） ｜ 病原体 ｜ マクロファージ ｜ 抗体

 個々の抗体は1種類の抗原としか結合できませんが，私たちは非常に多くの種類の抗体をつくれるので，実質的にはどのような抗原に対しても抗体をつくることができます。

6 免疫記憶

いよいよ，「一度かかった病気には再度かかりにくくなる」しくみを学ぼう！

適応免疫のはたらきの中で増殖したT細胞とB細胞の一部は記憶細胞（きおく）として体内に長期間保存されます。そして，次に同じ抗原が侵入したときには，記憶細胞が速やかに増殖して免疫反応を引き起こすことができます。この2度目以降の免疫反応を二次応答（にじおうとう），初めて抗原が侵入したときの免疫反応を一次応答（いちじおうとう）といいます。二次応答は一次応答よりも速くて強い反応なので，2度目以降は発症せずに抗原を排除できることが多いんです♪

体液性免疫でも細胞性免疫でも，二次応答は起こるんですか？

もちろん！　どちらも二次応答しますよ！

下の図は有名なグラフだね。0日の時点で抗原Aを注射して抗体をつくらせて…，40日の時点で抗原Aを再度注射して二次応答させています。

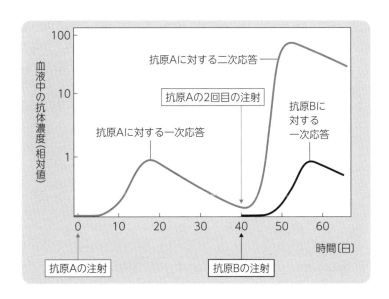

縦軸のメモリが1・10・100って増えていることに気をつけてくださいね！

二次応答でつくられる抗体の量は一次応答のときの数十倍にもなるんですね!!!

　ただし，適応免疫には特異性があるので，抗原Aに対する記憶細胞は抗原Aに対してしか，二次応答をすることができません。だから，抗原Aの注射から40日の時点で抗原Aと関係ない抗原Bを注射しても，抗原Bに対する一次応答が起こるだけです。

この二次応答のしくみを利用した医療が…，予防接種（よ ぼう せっ しゅ）です！

　弱毒化または無毒化した病原体や毒素のことを**ワクチン**といいます。ワクチンを接種することを**予防接種**（よ ぼう せっ しゅ）といい，予防接種によって記憶細胞がつくられ，病原体が侵入した際に二次応答が起こることで発症や重症化を抑制できます。

予防接種をすれば病気にならないんですか？

　医療には発症する確率，重症化する確率をちゃんと低下させる効果があるものしか使われていませんよ！　「絶対に発症しなくなる」というようなものではありませんが，予防接種は有効なものです！　誤解のないようにね♪
　また，副作用（副反応）について，「科学」よりも「感情」が優先されてしまうケースがあります。科学的に，予防接種の副作用ではないとされた症状に対して，「いや，副作用だと思う！」という主張がなされてしまうのが日本の現状です。

チェック問題2 標準 2分

　図はヒトの抗体産生のしくみについての模式図である。抗原が体内に入ると，細胞 x が抗原を取り込んで，抗原情報を細胞 y に伝える。それを受けて，細胞 y は細胞 z を活性化し，抗体産生細胞(形質細胞)へと分化させる。

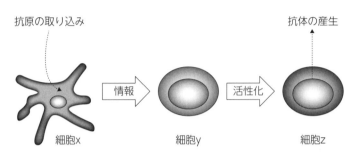

抗原の取り込み　　　　　　　　　　　　　　　　　抗体の産生

情報　　　活性化

細胞x　　　　　　　　細胞y　　　　　　　　細胞z

　細胞 x，y および z に関する次の記述**ア〜エ**のうち，正しい記述を過不足なく含むものを，後の①〜⑨のうちから一つ選べ。

ア　細胞 x，y および z は，いずれもリンパ球である。

イ　細胞 x はフィブリンを分泌し，傷口をふさぐ。

ウ　細胞 y は盛んに食作用をする細胞である。

エ　細胞 z は B 細胞であり，免疫グロブリンを産生するようになる。

①　**ア**　　②　**イ**　　③　**ウ**　　④　**エ**　　⑤　**ア，ウ**　　⑥　**ア，エ**

⑦　**イ，ウ**　　⑧　**イ，エ**　　⑨　**ウ，エ**

(センター試験　本試験)

解答・解説

④

　複数の知識を組み合わせて解く必要のある問題ですので，やさしくはありません。

ア　細胞 x は樹状細胞で，リンパ球ではありません。

イ　フィブリンは血しょう中の物質をもとにつくるもので，白血球がフィブリンを分泌することはありません。

ウ　細胞 y はヘルパー T 細胞ですね。ヘルパー T 細胞は食作用をしません。

エ　設問文からも，図からも完璧な記述です！

11 免疫と医療

1 抗体を用いた医療

血清療法は北里柴三郎らによって開発されました。
そうです，2024年からの新紙幣の1000円札の肖像画が北里柴三郎ですね。

血清療法はハブに咬まれたときなどに用いられます。あらかじめハブ毒素をウマなどの動物に接種して，そのウマの血液からハブ毒素に対する抗体を含んだ血清をつくっておきます。ハブに咬まれたら，その準備しておいた抗体を含む血清を患者に注射し，体内に入ったハブ毒素を排除します。自身の免疫反応では間に合わないような切迫した状況のときに血清療法が使われます。

予防接種は抗原を，血清療法は抗体を投与するってことですね♪

抗体を投与する医療行為というのは非常に重要なんです。

2018年にノーベル生理学・医学賞を受賞した本庶佑氏らが開発に携わった「オプジーボ」という薬は，人工的につくった抗体なんですよ。この抗体はキラーT細胞のもっているタンパク質に結合し，がん細胞に対するキラーT細胞の攻撃が弱まらないようにしてくれるんです。すごいですね♪

医療の進歩はホント，目を見張るものがあります。

2 免疫不全症

免疫のはたらきが低下してしまう疾患を**免疫不全症**といいます。**HIV**（ヒト免疫不全ウイルス）の感染による**エイズ**（AIDS，後天性免疫不全症候群）は免疫不全症の代表例です。

HIVはヘルパーT細胞に感染して，破壊してしまうので，適応免疫の機能が極端に低下し，通常では発病しないような弱い病原体で発病してしまう**日和見感染**を起こしたり，がんなどが発症しやすくなったりします。

なお，HIVはHuman Immunodeficiency Virusの略，AIDSはAcquired ImmunoDeficiency Syndromeの略です。

3 免疫の異常反応

❶ アレルギー

本来ならば体を守ってくれる免疫ですが，過剰な反応や異常な反応をして，体に不利益をもたらすことがあります。

ハ……，ハッ……，ハ〜〜クション！

　無害な異物にくり返し接触した際に，この異物に対して異常な免疫反応をする場合があり，これを**アレルギー**といいます。アレルギーの原因となる物質は**アレルゲン**といいます。アレルゲンとしては，スギ花粉，食品など様々なものがあります。

　アレルゲンによっては急激な血圧低下や呼吸困難といった強いショック症状が起こることがあります。これは**アナフィラキシーショック**とよばれ，生命の危機に関わる危険な現象です。

❷ 自己免疫疾患

「免疫寛容（⇒ p.88）」を覚えていますか？

　免疫寛容のしくみはすごくよくできているんですが，100% 完全ではないのが現実です。自己成分が樹状細胞などから提示されたときにリンパ球が活性化してしまい，自己成分に対する免疫反応が起こってしまうことがあり，これを自己免疫疾患といいます。

　自己免疫疾患の例としては，手足の関節の細胞を攻撃して炎症が起きてしまう関節リウマチ，ランゲルハンス島の B 細胞を攻撃してしまう I 型糖尿病（⇒ p.69），神経から筋肉への信号を受け取る受容体を攻撃して全身の筋力が低下してしまう重症筋無力症などがあります。

問1 アレルギーやエイズに関する記述として**誤っているもの**を，次の①〜④のうちから一つ選べ。

① アレルギーの例として，ヒノキ花粉症がある。

② ハチ毒などが原因で起こるアナフィラキシーショックは，アレルギーの一種である。

③ 栄養素を豊富に含む食物でも，アレルギーを引き起こす場合がある。

④ HIV は，B 細胞に感染することによって免疫機能を低下させる。

問2 自己免疫疾患によって起こるものを，次の①〜⑥のうちから二つ選べ。

① 糖尿病　　② エイズ　　③ スギ花粉症

④ 日和見感染　⑤ がん　　　⑥ 関節リウマチ

（センター試験　本試験・改）

解答・解説

問1 ④

問2 ①，⑥

問1 HIV はヘルパー T 細胞に感染するんでしたね。よって，④の記述が**誤り**です。

問2 ①については，自己免疫によって I 型糖尿病になることがありますね。また，⑥の関節リウマチも自己免疫疾患の代表例です。

「生物の体内環境」の範囲はなかなかボリュームがありましたね。お疲れさまでした♪

12 植生と遷移

1 植　生

さぁ，新しい章だよ！　植生の説明から始めよう!!

　ある場所に生育する植物の集まりのことを植生といいます。どのような植生が成立するかは，気温や降水量といった環境要因に強く影響されます。植生は，植生を外から見た外観である相観によって分類します。このとき，最も数量が多く，目立つ代表的な植物種を優占種といい，相観は優占種によって決定づけられます。

植生には，どんなものがあるんですか？

　植生は，荒原・草原・森林の3つに分けられます。草原や森林は何となくイメージできるでしょ？　荒原は砂漠やツンドラのような植生で，植物の生育にとって非常にきびしい環境に成立します。このきびしい環境に耐えられる植物しか生育できません。
　草原は草本植物（←「草」のこと）を中心とする植生で，熱帯や亜熱帯では年間降水量が約1000mmを下回ると森林が成立できなくなり，草原になります。森林については2で扱いますね！
　植物は生育している環境に適した形態をしていて，この形態を生活形といいます。よって，似た環境では，生育している植物の生活形は似ています。アメリカの砂漠でもアフリカの砂漠でも多肉植物が生育していますよね。

2 森　林

森林は，大きな樹木が生育しているんですよね？

まぁ，そうだよね。ひとまず，次の森林の図（日本の照葉樹林の模式図）を見てみよう！

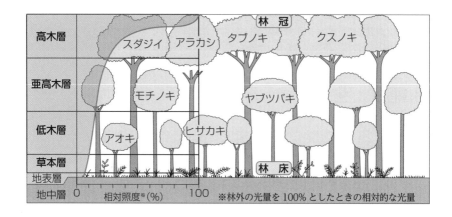

森林の最上部を林冠，地表付近を林床といいます。20m を超えるような高さに葉をつける高木層，そこから順に亜高木層，低木層，草本層といった垂直方向の層状の構造がみられ，これを階層構造といいます。コケ植物などからなる地表層が発達することもあります。

上の図中の左側に赤い線で示した相対照度のグラフからわかるように，森林内には光があまり届きません。よって，低木層などには弱光条件でも生育できる陰生植物が生育しています。

弱光条件では生育できないけれど，強光条件では陰生植物よりも成長速度が大きい植物を陽生植物といいます。

植物は土壌に根を張ります。土壌は層状になっていて，表面は落葉や落枝の層，その下は落葉などの分解が進んだ腐植層，さらにその下は腐植が少ない風化した岩石の層，そして岩石の層という構造になっています（右の図）。

腐植層は落葉・落枝や動物の遺体などの有機物が部分的に分解された層で，黒っぽい色をしています。

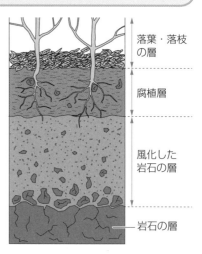

落葉・落枝の層

腐植層

風化した岩石の層

岩石の層

3 光の強さと光合成の関係

なんだか難しそうなグラフですね。

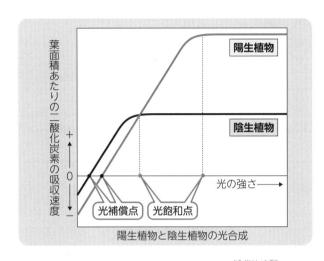

陽生植物と陰生植物の光合成

このグラフは日当たりのよい場所でよく成長する**陽生植物**と日当たりの悪い場所で生育する**陰生植物**についての測定結果で，縦軸は「植物が差し引きでどれくらいの二酸化炭素を吸収したか」を意味しています。これがポイントです！

例えば，光合成で100gの二酸化炭素を吸収し，同時に呼吸で20gの二酸化炭素を放出していた場合，差し引きで80gの二酸化炭素を吸収したことになります。光が弱い場合には呼吸速度が光合成速度を上回ってしまうので，マイナスの値になっているんです！

植物は「光合成速度＞呼吸速度」という関係にならないと成長することができません。体を構成する有機物の量を増やしていかないといけませんからね。そして，「光合成速度＝呼吸速度」となる光の強さを**光補償点**といいます。

また，それ以上光を強くしても，光合成速度が大きくならない光の強さを**光飽和点**といいます。

陰生植物は弱光条件でも成長できる！ でも，強光条件だったら陽生植物の成長速度のほうが大きくなるんですね！
単純なグラフなんですね♪

完璧ですね！ さらに，同じ樹木でも強光を受ける位置の葉（**陽葉**）は陽生植物に近い性質をもち，強光を受けられない位置の葉（**陰葉**）は陰生植物に近い性

質をもつようになります。植物はとても上手に環境に適応していることがわかりますね。

4 植生の遷移

 植生が時間とともに変化することが遷移(せんい)です。どのように変化していくのでしょうか?

遷移は,スタート時点の状態により一次遷移(いちじせんい)と二次遷移(にじせんい)に分けられます。

一次遷移	特徴:土壌の存在しない場所から始まる。
	例:乾性遷移(かんせいせんい)(溶岩流などによってできた裸地から始まる。) 湿性遷移(しっせいせんい)(湖沼などから始まる。)
二次遷移	特徴:土壌の存在する場所から始まる。
	例:山火事や森林伐採の跡地,耕作放棄地などから始まる。

溶岩流などによってできた裸地には栄養分がなく,乾燥しており,きびしい環境に耐えられる植物しか生育できません。このように遷移の初期に現れる種を先駆種(せんくしゅ)(パイオニア種)といいます。地衣類(ちいるい)やコケ植物の他にススキ(⇒写真 p.21, 107)などの草本植物などが先駆種になる場合があります。その後,徐々に土壌が形成され,草原となり,さらに低木林(ていぼくりん)となります。

 低木林は地表付近まで光がちゃんと届くので,陽生植物が優占します!

その後,陽樹(ようじゅ)(←陽生植物の樹木)が森林を形成して陽樹林(ようじゅりん)となります。高木の森林になると林床に届く光が弱まるため,陽樹の幼木が生育できなくなります! しかし,陰樹(いんじゅ)(←陰生植物の樹木)の芽生えは生育できますので,林床では陰樹の幼木だけが育っていきます。

··· ということは,そのあとは ···

 おっ! わかってきたようだね! ちゃんと考えて,納得しながら勉強すれば,自然と覚えられますね。

陽樹が枯死していくと徐々に陰樹に置き換わっていき,陽樹と陰樹が混ざった混交林(こんこうりん)となり,さらに時間が経過すると陰樹林(いんじゅりん)になります。

遷移の様子を模式図で見てみましょう♪

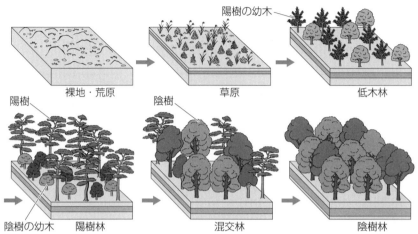

陽樹の幼木

裸地・荒原　　　　　　　　草原　　　　　　　　低木林

陽樹　　　　　　　　陰樹

陰樹の幼木　　陽樹林　　　　　　混交林　　　　　　陰樹林

陰樹林の先はないんですか？

　陰樹林の林床も暗いんですけど，陰樹の幼木は生育できますよね。よって，陰樹林になると，その後は原則としてず～～～～っと，陰樹林の状態になります。このように，植生を構成する植物種が変化しない状態を**極相（クライマックス）**といい，極相になった森林を**極相林**といいます。

　しかし，極相林であっても台風などで林冠を形成する樹木が折れたり，倒れたりした場合，林冠に隙間ができます。この隙間を**ギャップ**といいます。林床まで光が届くような大きいギャップができると，陽樹の種子が発芽して生育し，その一部が林冠まで成長できる場合があります。よって，極相林であっても陽樹が点在している場合があります。

湿性遷移は，湖沼が陸地化するまでを押さえよう！

　湖沼において土砂などが堆積し，水深が浅くなるとクロモなどの**沈水植物**が繁茂します。さらに水深が浅くなっていくと，スイレンなどの**浮葉植物**やヨシなどの**抽水植物**が繁茂します（次のページの図を参照）。さらに土砂などが堆積して**湿原**になり，しだいに乾燥化して陸地になると，草原へと進みます。ここから先の流れについては，基本的に乾性遷移と同じです！

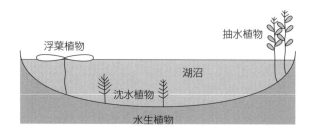

浮葉植物　抽水植物　湖沼　沈水植物　水生植物

チェック問題 1　思　標準　2分

　図は，陽樹および陰樹の幼木において葉が受ける光の強さと葉の見かけの光合成速度との関係(光－光合成曲線)を模式的に示している。下の文章中の ア ～ ウ に入る語の組合せとして最も適当なものを，後の①～⑧のうちから一つ選べ。ただし，図の X 型と Y 型は陽樹，陰樹のどちら

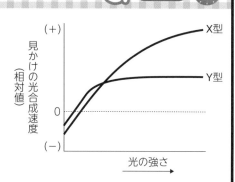

かの型に対応している。また，見かけの光合成速度(葉の単位面積あたりの CO_2 吸収速度)は，葉が CO_2 を吸収している状態を(＋)，放出している状態を(－)で示してある。

　図には，X 型のほうが見かけの光合成速度が負から正に変わる光の強さが ア ことが示されている。森林内の地表での生育には， イ 型の光合成特性をもつほうが有利となる。森林の遷移が進行するに従い ウ 型の光合成特性をもつ樹木が減少する。

	ア	イ	ウ		ア	イ	ウ
①	小さい	X	X	⑤	大きい	X	X
②	小さい	Y	X	⑥	大きい	Y	X
③	小さい	X	Y	⑦	大きい	X	Y
④	小さい	Y	Y	⑧	大きい	Y	Y

(センター試験　追試験)

⑥

図より，X型の樹木が陽樹，Y型の樹木が陰樹と考えられますね。光補償点は陽樹のほうが高く，遷移の進行に伴って陽樹が減少し，最終的には陰樹林になる，という流れを踏まえて空所を埋めていきましょう。

チェック問題2　標準 3分

問1　次の①〜⑥は，種子植物で遷移の初期に出現する種と後期に出現する種との一般的な特徴を比較したものである。しかし，初期の種と後期の種の特徴が，逆に記述されているものが二つある。それらを，次の①〜⑥のうちから選べ。

	項　目	初期の種の特徴	後期の種の特徴
①	種子の生産数	多　い	少ない
②	種子の大きさ	大きい	小さい
③	初期の成長速度	速　い	遅　い
④	成長後の大きさ	小さい	大きい
⑤	個体の寿命	短　い	長　い
⑥	幼植物の耐陰性	高　い	低　い

問2　遷移についての次の文中の空欄に入る語の組合せとして最も適当なものを，後の①〜⑧のうちから一つ選べ。

　森林伐採の跡地などから始まる遷移が　**ア**　とよばれるのに対して，噴火直後の溶岩台地から始まり森林に至る遷移は　**イ**　とよばれる。　**ア**　では，遷移の始まりから　**ウ**　が存在するため，　**ア**　の進行は，　**イ**　の進行と比べて　**エ**　。

	ア	イ	ウ	エ
①	一次遷移	二次遷移	風化した岩石	速　い
②	一次遷移	二次遷移	風化した岩石	遅　い
③	一次遷移	二次遷移	土　壌	速　い
④	一次遷移	二次遷移	土　壌	遅　い
⑤	二次遷移	一次遷移	風化した岩石	速　い
⑥	二次遷移	一次遷移	風化した岩石	遅　い
⑦	二次遷移	一次遷移	土　壌	速　い
⑧	二次遷移	一次遷移	土　壌	遅　い

問3 湖沼が陸地化するところから始まる植生の変化を何とよぶか，適当なものを，次の①～④のうちから一つ選べ。

① 乾性遷移 ② 富栄養化 ③ 湿性遷移 ④ 極相

（センター試験　本試験・改）

解答・解説

問1 ②・⑥ **問2** ⑦ **問3** ③

問1 あまり難しく考えずに，遷移の初期に出現する草本や低木と極相樹種である陰樹とを比較すれば OK ですよ。

②は，草本と陰樹（←樹木）ではどっちの種子が大きいと思いますか？草本は小さい種子をいっぱいつくって風などで遠くへ飛ばすイメージです。樹木の種子は鳥などの動物に運んでもらうイメージです。

⑥の耐陰性というのは，弱光条件でも生育できる能力のことです。陰樹の幼植物は弱光条件でも生育でき，耐陰性が高いですね。

問2 森林伐採の跡地のように土壌の存在する場所から始まる遷移が二次遷移です。土壌が存在しているため，一次遷移よりも短期間で極相に達することができます。

問3 これは，単純に知識を要求する設問です♪

遷移では，時間の経過に伴って，生物の活動によって非生物的環境が変化します。

例えば，土壌が徐々に発達していったり，林床の照度が低下したりします。このように生物の活動が非生物的環境（⇒ p.113）に影響を与えることを環境形成作用といいます。

非生物的環境も生物に影響を与えますよね？

その通り！

光が弱いと陽生植物が生育できない…，土壌が形成されると大きな樹木が生育できる……，などだね。

こういう非生物的環境から生物に影響を与えることを作用といいます。

13 世界のバイオーム

1 気候とバイオームの関係

> ばいおーむですか？　難しそうな名前ですね。

> bio- は「生物」，-ome は「全部」という意味です。
> 遺伝情報全体のことをゲノム（⇒ p.34）といいましたよね？
> ゲノムは遺伝子（gene）に -ome がついた単語ですよ。

　バイオームは，ある地域の植生とそこに生息する動物などをすべて含めた生物のまとまりのことです。バイオームの種類と分布は年平均気温と年降水量に対応します（下の図）。

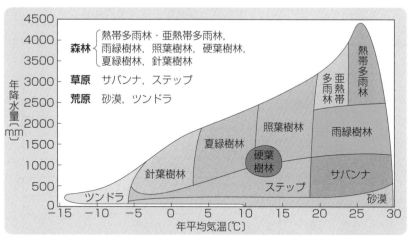

　降水量が十分にあると森林が成立し，気温の低いほうから，**針葉樹林**，**夏緑樹林**，**照葉樹林**，（**亜熱帯多雨林**），**熱帯多雨林**となります。

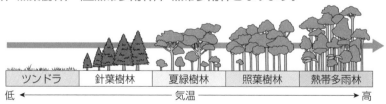

年平均気温が20℃を超えるような気温が高い地域であれば・・・，降水量の少ないほうから**砂漠**，**サバンナ**，**雨緑樹林**，**熱帯多雨林**となります。

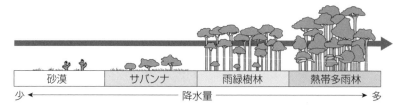

| 砂漠 | サバンナ | 雨緑樹林 | 熱帯多雨林 |

少 ←――――――――― 降水量 ―――――――――→ 多

硬葉樹林はどこにあるんですか？　葉が硬いんですか？

そう，葉が硬いんです！　地中海沿岸のように夏に乾燥し，冬に雨が多い温帯地域に分布します。クチクラが発達した小さく硬い葉をつけます。**オリーブ**や**ゲッケイジュ**などの「地中海沿岸っぽい植物」が代表種です。

ペペロンチーノ食べて，ワイン飲んで，ボーノ♥

さて，各バイオームについて代表的な植物種をまとめましょう。

バイオームの種類	代表的な植物
熱帯多雨林	**フタバガキ**，着生植物，つる植物，**ヒルギ**
亜熱帯多雨林	**アコウ**，**ヘゴ**，**ガジュマル**，**ヒルギ**
雨緑樹林	**チーク**
照葉樹林	**カシ**，**シイ**，**タブノキ**，**ヤブツバキ**
夏緑樹林	**ブナ**，**ミズナラ**，**カエデ**
硬葉樹林	**オリーブ**，**ゲッケイジュ**，**コルクガシ**
針葉樹林	**シラビソ**，**コメツガ**，**トウヒ**，**エゾマツ**
サバンナ	イネ科の草本，**アカシア**
ステップ	イネ科の草本
砂漠	多肉植物（←サボテンなど）
ツンドラ	地衣類，コケ植物

ツンドラには**トナカイ**，サバンナには**シマウマ**が生息しているね。インターネットで写真を検索するのもおススメだよ！

熱帯や亜熱帯の河口付近には**ヒルギ**が生育し，**マングローブ**という森林を形成します。マングローブは植物の名前ではなく，森林の名前ですよ！

着生植物は，他の樹木などに付着して生育する植物です。ヘゴは樹木になる

シダ植物です！　針葉樹林は主に常緑針葉樹であるシラビソ，トウヒ，モミなどからなりますが，場所によっては**カラマツ**のような落葉針葉樹も見られます。カラマツは漢字で書くと「落葉松」です！　中学の頃，音楽の授業で『落葉松』って歌を歌ったなぁ〜，しみじみ‥‥‥‥‥

シイのなかまの**スダジイ**だよ！葉がテカテカしていて，照葉樹って感じがするでしょ？

これは**ススキ**（再掲載）！　秋の七草の一種で，先駆植物の代表例だね。お月見などのイメージがあるけど，生命力の強い雑草だ！

左の写真ではブナなのか，何なのか・・・

人工の**ブナ**林に行ってきた！人工林なので，光が届いているね。

右は大阪の植物園の**アラカシ**！ドングリができるんだよね〜！

先生，ホントに植物が好きなんですね！

あ，ごめん！　ついつい（^^;)じゃ，チェック問題に進もう！

チェック問題

標準 2分

　赤道に近い高温多湿の地域には，熱帯多雨林や亜熱帯多雨林が分布する。一方，低緯度地方でも雨季と乾季がはっきりしている地域では，雨緑樹林が分布する。この地域における優占種としては，(a)チークなどが有名である。(b)この地域と気温は同じだが降水量が少ない地域では，イネのなかまが優占し，背丈の低い樹木が点在する。

問1　下線部(a)の植物種の特徴として最も適当なものを，次の①～⑤のうちから一つ選べ。

　　① 　降水量が減少する季節に多くの葉をつける。
　　② 　気温が低下する季節に多くの葉をつける。
　　③ 　降水量が減少する季節にいっせいに落葉する。
　　④ 　乾燥への適応として，肉厚の茎に多量の水分を蓄える。
　　⑤ 　草本であるが，地上部に木本の幹のような茎をもつ。

問2　下線部(b)の地域でみられる樹木として最も適当なものを，次の①～⑥のうちから一つ選べ。

　　① 　ガジュマル　　② 　スダジイ　　③ 　シラビソ　　④ 　ヒルギ
　　⑤ 　アカシア　　⑥ 　ブナ

（センター試験　本試験・改）

解答・解説

問1 ③　　**問2** ⑤

問1　雨緑樹林の代表的な樹種である**チーク**は，雨季に葉をつけ，乾季に落葉する落葉広葉樹です。よって，③の記述が**正解**ですね。なお，①や②のようなバイオームはありません。夏緑樹林は気温が低下する季節に落葉しますね。また，④は砂漠についての記述なので，**誤り**です。

問2　**アカシア**は106ページの表で，サバンナに生育する植物として紹介しましたが，覚えていない人も多い植物です。しかし，諦めてはいけません！　消去法です！　**ガジュマル**は亜熱帯多雨林，**スダジイ**はシイ類の樹木ですから照葉樹林，**シラビソ**は針葉樹林，**ヒルギ**はマングローブをつくる樹種でしたね。そして，**ブナ**は夏緑樹林を構成する樹種です。ですので･･･，アカシアがわからなくても，⑤しかありません。いいですね？　消去法ですよ‼

14 日本のバイオーム

1 日本のバイオームの特徴

> 日本のバイオームはすごいんだよ！

　何がすごいかって，日本では，基本的にどこにいっても十分な降水量があって，原則として森林のみが成立するんです！　だから，日本では**水平分布**（←緯度に応じたバイオームの水平方向の分布）と中部地方の**垂直分布**（←標高に応じたバイオームの垂直方向の分布）で，同じ種類のバイオームが同じ順番に出現するんです。

2 日本のバイオームの分布

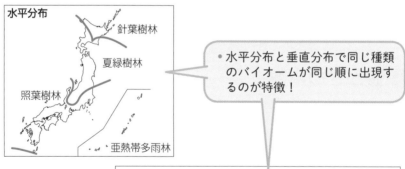

> • 水平分布と垂直分布で同じ種類のバイオームが同じ順に出現するのが特徴！

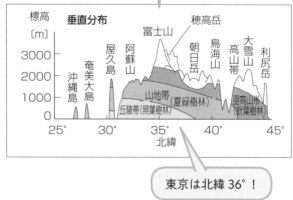

> 東京は北緯36°！

日本のバイオームは低緯度地域から順に，亜熱帯多雨林，照葉樹林，夏緑樹林，針葉樹林となります（前ページの左上の図）。九州，四国から関東地方までの低地に照葉樹林が，東北から北海道南部の低地には夏緑樹林が成立していますね。

　気温は標高が100m増すごとに約0.5～0.6℃低下します。よって，標高に応じてバイオームが変化します。本州中部では，標高が700m程度までの**丘陵帯**に照葉樹林が，1600m程度までの**山地帯**には夏緑樹林が，2500m程度までの**亜高山帯**には針葉樹林が成立します（前ページの右下の図）。

標高が2500mより高い場所には何があるんですか？

　亜高山帯の上限は**森林限界**といって，様々な要因でこれより高い場所には森林ができません。森林限界よりも上の地帯は**高山帯**とよばれ，低木の**ハイマツ**や，**コマクサ**などの高山植物が分布しています。

ハイマツは漢字で「這松」！　樹高が低く，地面を這っているみたいなマツということだよ。高山帯は風が強くて，高い樹木になることができないんだ。

3 暖かさの指数

　日本では，**暖かさの指数**を求めれば，どのようなバイオームが成立するかをほぼ推測できます。

　暖かさの指数というのは，「1年間のうち，月平均気温が5℃を上回る月について，月平均気温から5℃を引いた値を求め，それらを合計した値」と定義されています。文章ではちょっとややこしいので，実際に，暖かさの指数からバイオームを推測してみましょう。

練習問題

表は2018年の東京の月別平均気温である。暖かさの指数を求めよ。

1月	2月	3月	4月	5月	6月	7月	8月	9月	10月	11月	12月	年平均
4.7	5.4	11.5	17.0	19.8	22.4	28.3	28.1	22.9	19.1	14.0	8.3	16.8

（オリジナル）

表で5℃以下の月は1月だけだから，1月以外の月の平均気温から5℃を引いて合計すればいいですね。暖かさの指数は(5.4−5)＋(11.5−5)＋(17.0−5)＋(19.8−5)＋(22.4−5)＋(28.3−5)＋(28.1−5)＋(22.9−5)＋(19.1−5)＋(14.0−5)＋(8.3−5)＝141.8となります。

日本のバイオームと暖かさの指数との関係は右の表の通りです。東京は照葉樹林が成立する場所ということになりますね。

日本のバイオームと暖かさの指数の関係

バイオーム	暖かさの指数
亜熱帯多雨林	240 ～ 180
照葉樹林	180 ～ 85
夏緑樹林	85 ～ 45
針葉樹林	45 ～ 15

解答 141.8

月別平均気温のデータは気象庁のホームページに載っているから，他の地域でも調べてみよう。

基本的には「暖かさの指数」でバイオームを推測できますが，絶対ではないから注意してください。

チェック問題 　思　標準　2分

図に基づき，次ページの文中の空欄に入る語の組合せとして最も適当なものを，後の①～⑧のうちから一つ選べ。

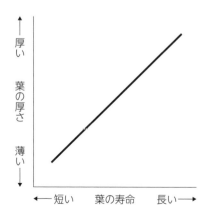

植物の葉の性質を様々な種間で比較した研究から，葉の厚さと葉の寿命の間に，前ページの図の関係が成り立つことがわかっている。

例えば，日本に生育する植物種のうち，生育に適した季節の長い地域に分布する ア などの常緑樹は，生育に適した季節の短い地域に分布する イ などの落葉樹に比べ，葉の寿命が ウ ，葉の厚さが エ 。

	ア	イ	ウ	エ
①	タブノキ	ブ　ナ	長　く	薄　い
②	タブノキ	ミズナラ	長　く	薄　い
③	ブ　ナ	スダジイ	短　く	薄　い
④	ブ　ナ	ヤブツバキ	短　く	薄　い
⑤	スダジイ	タブノキ	長　く	厚　い
⑥	スダジイ	ミズナラ	長　く	厚　い
⑦	ミズナラ	ブ　ナ	短　く	厚　い
⑧	ミズナラ	ヤブツバキ	短　く	厚　い

（センター試験　追試験）

解答・解説

⑥

照葉樹林のほうが夏緑樹林より，気温が高くて生育に適した期間が長い地域に成立します。**ブナ**と**ミズナラ**は夏緑樹林の代表樹種，**タブノキ**と**スダジイ**は照葉樹林の代表樹種ですので，植物の組合せとしては，①・②・⑥のいずれかが正しいことになります。

照葉樹林の常緑樹の葉の寿命は複数年に及ぶので，夏緑樹林の落葉樹よりも葉の寿命が長く，図から寿命が長いほど葉が厚くなることがわかります。

15 生態系とその成り立ち

1 生態系

「生態系とは何か？」を理解することは，環境問題をチャンと理解するための第一歩だよ！

　ある地域に生息するすべての生物と，それらを取り巻く非生物的環境とをまとめて**生態系**といいます。

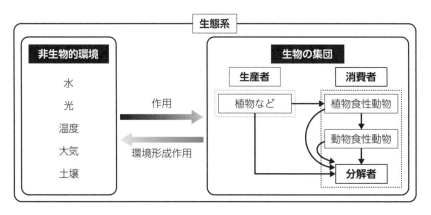

　生態系において，植物や藻類のように無機物から有機物を合成できる**独立栄養生物**を**生産者**といいます。これに対して，生産者がつくった有機物を直接または間接的に取り込んで利用する**従属栄養生物**を**消費者**といいます。消費者のうち，生産者を食べる動物（植物食性動物）を**一次消費者**，一次消費者を食べる動物（動物食性動物）を**二次消費者**といいます。さらに，枯死体・遺体・排出物を分解する過程に関わる消費者を**分解者**といいます。

分解者は消費者の一種なんですね！

作用と環境形成作用については，104ページを参照してください。

　生態系内での被食者と捕食者のつながりを**食物連鎖**といいます。実際の生態

第**5**章 ▼ 生態系とその保全

系では捕食者は複数種の生物を捕食しているので，食物連鎖は複雑な**食物網**となっています。

2 栄養段階と生態ピラミッド

昨日，海鮮丼食べたんだけど…， 僕って何次消費者なのかな…？

ヒトは雑食だしね。何次消費者とは決められないね。

　生産者からみた食物連鎖の各段階を**栄養段階**といいますね。各栄養段階の生物の個体数を調べて積み上げると，「基本的に」ピラミッド状になります。これを**個体数ピラミッド**といいます（下の左側の図）。

　続いて，各栄養段階の生物の生物量…，すごくかみ砕いて表現すると「重さ」を測定して積み上げた場合にも，「基本的に」ピラミッド状になります。これを**生物量ピラミッド**といいます（下の右側の図）。

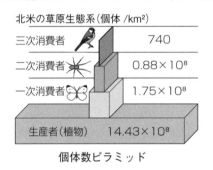

個体数ピラミッド

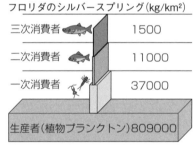

生物量ピラミッド

先生の「基本的に」っていう表現が気になりますね！

　さすが，よく気づいたね♪

　例えば，個体数ピラミッドだと…，生産者が巨大な樹木，一次消費者が小さな虫だとするよね。この場合，一次消費者の個体数のほうが圧倒的に多くなるでしょ？　このように，例外的にピラミッドが逆転することもあるので，「基本的に」って言ったんだよ。

おぉ！　なるほど♬

チェック問題

標準 2分

問1 「作用」と「環境形成作用」の両方の過程を具体的に示している記述として最も適当なものを，次の①〜④のうちから一つ選べ。

① 地球温暖化により，高緯度地方にこれまでいなかった生物が侵入し，その地域に生息していた在来生物を駆逐することがある。

② 湖水中の栄養塩類が増加すると，植物プランクトンが大発生しやすくなり，夜間の溶存酸素濃度が減少する。

③ 光合成をする生物が減少すると，生産量が減少するので，植物食性動物の個体数が減少する。

④ 河口へ流入する川砂が減少すると，砂底を好むハマグリやアサリが減少し，泥底を好むシジミが増加する。

問2 水田の生態系において，一次消費者である生物を，次の①〜⑤のうちから一つ選べ。

① クモ　　② モズ　　③ イナゴ　　④ カエル　　⑤ イヌワシ

(センター試験　追試験・改)

解答・解説

問1 ②　　**問2** ③

問1 ①　気温の上昇という非生物的環境の変化により生物の分布が変化していますので，**作用** (⇒ p.113) についての記述です。

② 栄養塩類 (⇒ p.121) の増加という非生物的環境の変化によって植物プランクトンが増殖するのは**作用**です。植物プランクトンの増殖によって夜間の溶存酸素濃度が減少するのは**環境形成作用** (⇒ p.113) です。

③ 生物どうしの関係についての記述です。

④ 川砂の減少という非生物的環境の変化により生物の個体数が変化していますので，**作用**についての記述です。

問2 一般常識を問う設問ですね。イナゴはイネを食べるのでイナゴという名前で，農業害虫として扱われています。

第5章 生態系とその保全

我が故郷，長野県ではイナゴを佃煮にして食べます。美味しいんですよ！　本当に♪　長野県に行く機会があれば是非！　お土産屋さんにも売っていますから。

…はい，前向きに検討します。

 一応…，先日の伊藤家の食卓のイナゴちゃんです！

 美味しいんですよ。ホント!!
うちの娘も大好きですもん!!

第5章　生態系とその保全

16 生態系のバランス

1 生態系のバランスと変動

> バランス♪　バランス♪　バランスが大切♪

> 先生，ご機嫌ですね！　僕，ヒトデって可愛いイメージもっていたんですけど，次の図を見ると，高次消費者なんですね！ビックリ！

　ヒトデって，星形で可愛いよね。やっぱり，高次消費者といえば，ライオンとかサメのような怖いイメージもっている人が多いもんね。

食物連鎖①

ラッコ

ウニ

コンブ

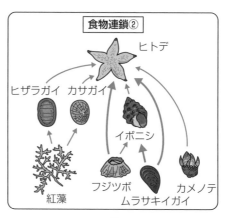

食物連鎖②

ヒトデ

ヒザラガイ　カサガイ

イボニシ

紅藻　　フジツボ　　カメノテ
ムラサキイガイ

　生態系を構成する生物を減らすような現象を**かく乱**といいます。生態系はかく乱を受けても，ある程度の範囲内であれば元に戻ります。この生態系を元に戻す力を**復元力**といいます。

> 「かく乱」は起こらないほうがいいんですよね？

　復元力を超えるような大規模なかく乱が起きると，別の生態系に移行してしまいますが…，実は，少々であれば，かく乱が起きたほうがよい生態系もあるんですよ（⇒ p.119）。

第5章 生態系とその保全

さて，前のページの食物連鎖①を見てください。
この食物連鎖が成立している生態系にシャチがやってきて，ラッコの個体数が激減しました。さぁ，この生態系はどうなっちゃうのかな？

どうもシャチです！
ラッコを食べました♥

ウニが増えます！　さらに，増えたウニに食べられてコンブが減ると思います。

　すばらしい！　状況をイメージしながら考えていくことが重要だよ！　実は，コンブは森のように海底にたくさん生えていて，小さい魚や甲殻類（←エビなど）の生活場所にもなっています。このため，コンブが減ると，これらの動物も減少してしまいます。このように，直接的には被食・捕食の関係にない生物どうしが他の生物を介して影響を及ぼすことを**間接効果**といいます。

　この生態系は，ラッコがいなくなったことでバランスが大きく崩れてしまいましたね。ラッコのように，生態系のバランスを保つ上で重要な生物種のことを**キーストーン種**といいます。

次に，食物連鎖②の生態系を考えよう。

　食物連鎖②に登場する生物は，岩場で生活しています。お互いに「食う・食われる」という関係にあったり，生活場所を奪い合うような競争関係にあったりします。この生態系からヒトデを除去すると……，

ヒトデに食べられていた生物が増えます！

さらに!?

えっ？　さらに…，ですか…??

増えた生物（ムラサキイガイ，フジツボなど）の生活場所が不足してきます。その結果，生活場所を巡る争いが激しくなります。実は，この競争ではムラサキイガイがとっても強いんです！　ですので，やがて，この岩場はムラサキイガイに独占され，生息している種が減少してしまいます。

　キーストーン種がいなくなったり，環境が大きく変化したりすることで，種の多様化が低下し，種の**絶滅**につながることがあります。

「絶滅」は，ある生物の種が地球上からいなくなるという意味で使われることが多いですが，ある生物が特定の地域からいなくなるという意味でも使われます。

ヒトデがキーストーン種だったんですね。

　その通り。ヒトデが様々な生物を捕食することによって，岩場の種の多様性が保たれていたんですね。このように，かく乱によって多様性が大きくなることがあります。台風などでギャップができることで極相林に陽樹が生育できる現象（⇒ p.101）も，かく乱によって多様性が大きくなる例です。

第**5**章　生態系とその保全

17 生態系の保全

1 自然浄化

 川や海などに流れ込む物質が，生態系に影響を与えることが
あります。

　川などに流入した有機物などの汚濁物質は，少量であれば分解者のはたらき
などにより減少します。この作用を**自然浄化**といい，復元力の一例と考えられ
ます。

 そもそも，有機物が流入することは悪いことなんですか？

　河川に有機物を含む汚水が流入した場合を考えてみましょう。汚水の流入点
から下流にかけての生息する生物の個体数の変化，水質の変化を調べると下の
図のようになります。

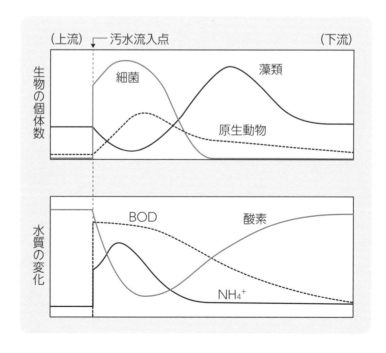

汚水流入点の下流でどんなことが起こっているかを順番に確認しよう！

　汚水流入点のすぐ下流では，細菌が酸素を使って有機物を分解しています。この影響で，水中の酸素が不足した状態となっていますね。前ページの下の図中の BOD は biological oxygen demand（生物学的酸素要求量），または biochemical oxygen demand（生化学的酸素要求量）の略で，BOD が大きい水ほど汚い水です。また，有機物が分解された結果，アンモニウムイオン（NH_4^+）が生じています。

　増殖した細菌はゾウリムシのような原生動物に捕食され，減少します。また，細菌の増加による水の透明度の低下が原因となり，減少していた藻類が，透明度の回復に伴い，増加した NH_4^+ を利用して増殖します。藻類の光合成によって酸素が増加していますね！　こうして徐々に汚水流入前の状態に戻っていることがわかります。しかし，復元力の範囲を超えるような有機物の流入があると，自然浄化しきれなくなってしまいます。

　湖沼や内湾などに**栄養塩類**が流入すると，さらに困ったことになる場合があります。栄養塩類というのは，窒素(N)やリン(P)を含む塩類（イオン）のことです。湖沼や内湾などで栄養塩類の濃度が高まる現象を**富栄養化**といいます。人間活動によって大規模な富栄養化が起こると，これを利用する植物プランクトンが異常繁殖します。これが湖沼で起こったものが水面が青緑色になる**アオコ**（水の華）、内湾や内海で起こったものが水面が赤褐色になる**赤潮**です！

　異常増殖したプランクトンの遺体を分解するために大量の酸素(O_2)が消費されます。アオコや赤潮が発生している場所では水中は酸欠状態となり，魚の大量死などが起こることがあります。

生態系のバランスが大きく崩れてしまうんですね。

2 地球温暖化

温室効果ガスってどんな気体かな？

二酸化炭素のことですよね？

　確かに二酸化炭素 CO_2 は**温室効果ガス**の代表例だね。他にも**メタン**やフロンなどの気体も温室効果ガスです。下の図のように，温室効果ガスは地表から放出され，本来なら宇宙空間に出ていくはずの熱エネルギーを吸収し，再び地表に向かって放出してしまいます。

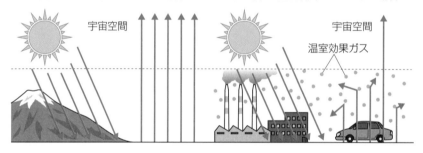

●大気中に温室効果ガスがない場合　　●大気中に温室効果ガスがある場合

宇宙空間　　　　　　　　　　宇宙空間

温室効果ガス

　CO_2 濃度は1985年では約350ppm（＝0.035%）だったのが，化石燃料の大量消費などにより，現在では約400ppm（＝0.04%）を超えています。その結果，21世紀末までにさらに気温が上昇するといわれています。

3 生物濃縮

水俣病については，社会科で習ったかな？

　生物に取り込まれた物質が体内で濃縮する現象を**生物濃縮**といいます。生物濃縮は分解しにくい物質や体外に排出しにくい物質によって起こることが多く，食物連鎖を通して高次消費者の体内に，より高濃度に蓄積されてしまいます。

　アメリカで DDT という農薬が生物濃縮され，カモメやペリカンなどの高次

消費者の個体数が激減し，この現象が認識されるようになりました。

　かつて，化学工場から熊本県の水俣湾に流出した**有機水銀**が生物濃縮され，1万人以上の人に神経障害などの健康被害（**水俣病**）が出てしまいました。その後，約500億円をかけて，水銀を封じ込めるための埋め立て工事が行われるなどして，現在では水俣湾の魚介類から環境基準を上回る水銀が検出されない状態になっています。

4 外来生物

うちの幼稚園の娘が「外来生物」の図鑑が大好きでねぇ。
「オオクチバス，オオクチバス！」言うてるんですよ。

英才教育（？）ですね。

　右の写真が**オオクチバス**です。**外来生物**というのは，本来は，その地域に生息しておらず，人間の活動によってもち込まれ，定着した生物のことです。その中でも，移入先の生態系のバランスを壊したり，人間の生活に影響したりする生物は，環境省により**特定外来生物**に指定され，飼育や輸入などが禁止されています。オオクチバスの他に…，**フイリマングース**，アメリカザリガニ，カミツキガメ，アライグマ……，ものすごく多くの種類の生物が特定外来生物に指定されています。

　沖縄本島や奄美大島では，ハブを駆除するためにフイリマングースを導入しました。しかし，ハブが夜行性であるため，昼行性のフイリマングースはあまりハブを食べず，希少種であるアマミノクロウサギなどを食べてしまったんです。環境省は2005年に「フイリマングースを全頭捕獲する！」と決定しました。その結果，現在，奄美大島ではマングースがほぼいなくなり，アマミノクロウリギの個数は回復しています。

アマミノクロウサギはあしが短くて，逃げるのが下手で……，
まさか，自分の島にマングースがいるとは思ってないもんね。

　また，琵琶湖では雑食性で繁殖力の強いオオクチバスが，在来生物であるホンモロコ，フナなどを食べてしまいました。

> ホンモロコは，今では高級食材になってしまいました。

世界自然遺産に指定された小笠原諸島では，人間がもち込んだネコや外来生物のトカゲ（グリーンアノール）などが増殖して問題となっています。

> 外来生物の問題は本当に解決するのが難しいんです‼

外来生物の影響だけでなく，人間による開発といった様々な原因によって絶滅のおそれがある生物を**絶滅危惧種**といいます。絶滅のおそれがある生物をその危険性ごとに分類したものを**レッドリスト**といい，これを記載したものを**レッドデータブック**といいます。

日本の絶滅危惧種としては…，**イリオモテヤマネコ，ヤンバルクイナ，アマミノクロウサギ，ハヤブサ，アカウミガメ，ライチョウ，ゲンゴロウ**……と，2020年の時点で3716種も指定されています。

5 里山の保全

ここまで読み進めてきて，「絶対に，人間は自然に手を加えてはいけないんだ！」と決めつけてしまっていないかな？

実は，人間が手を加えることで守られる生態系もあるんですよ。

その代表例が**里山**！　里山というのは，昔ながらの農村の集落とその周辺のことです。水田や畑があって，水路があり，ため池があり，雑木林があります。里山にはこうした多様な環境があるため，多様な生物が生息しています。

> 雑木林ってどんな林ですか？

その集落に住んでいる人が薪などにするために，森に入って適度に木を伐採しているため，林冠に植物が密集しておらず，林床が比較的明るい状態に保たれている森林のことです。ですので，雑木林では**クヌギ**や**コナラ**といった陽樹が多く生育しています。クヌギやコナラは落葉樹ですが，照葉樹林が生育する地域であってもこれらが優占することが多いんです。雑木林に人手が加わらなくなると，遷移が進んで陰樹が優占する極相林になってしまいます。

雑木林には多様な生物がおり，絶滅危惧種や貴重な固有種が生息している場合もあります。ほったらかしにして雑木林が変化してしまうことで，これらの貴重な生物がいなくなってしまうおそれがありますね。

6 持続可能な社会と生態系

 人間は生態系からの恵みを受けて生活していますね！

　人間が生態系から受ける様々な恩恵をまとめて**生態系サービス**といいます。生態系サービスは人間が生きていくために欠かせないもので，生態系サービスを持続的に受けるためには，生態系を適切に保全する必要があります。

生態系サービスの例
- ① **供給サービス**　：有用な資源（食料，木材，水など）を供給する。
- ② **調整サービス**　：気候の調整，災害の制御などによる安全な生活の維持を可能にする。
- ③ **文化的サービス**：人間が自然に触れることで得られる文化的価値を提供する。
- ④ **基盤サービス**　：光合成，土壌形成などにより①〜③を支える。

　人間の活動によって生態系のバランスが大きく崩れてしまうことを防ぐようにする取り組みが行われるようになっています。例えば，大規模開発を行う場合，生態系に与える影響を事前に調査することが法律によって義務化されています。このような事前・事後の調査を**環境アセスメント**（環境影響評価）といいます。

第**5**章 ▶ 生態系とその保全

チェック問題

問1 次のPCBの生物濃縮の例に関する記述として**誤っているもの**を，下の①〜④のうちから一つ選べ。

海水	→	プランクトン	→	イワシ	→	イルカ
0.00028		48		68		3700

（数字は試料1tあたりに含まれるPCBの質量（単位：mg））

① 高次消費者ほど蓄積物質の濃度が高くなるので，重大な影響が出ることがある。

② 高次消費者に移るときの蓄積物質の濃度上昇の割合は，ほぼ一定である。

③ 高次消費者ほど蓄積物質の濃度が高いのは，体外に排出されにくいからである。

④ 高次消費者ほど寿命が長く，蓄積される濃度が高い。

問2 里山についての記述として最も適当なものを，次の①〜④のうちから一つ選べ。

① 日本の里山にはコナラなどの落葉樹からなる雑木林が存在することが多い。

② 本州の里山の森では，フイリマングースの移入によりウサギの個体数が減少している。

③ 里山の森は，生育している樹木が伐採されないように管理して保全されている。

④ 里山には，オオムラサキやオオクチバスなどの日本固有の生物が多くすんでいる。

問3 外来生物に関連する記述として**誤っているもの**を，次の①〜④のうちから一つ選べ。

① 人間の活動によって，もともと生息していなかった場所に他の生息地からもち込まれた生物に対して，もともと生息していた生物は在来生物とよばれる。

② 人間の活動によって他の生息地からもち込まれ，移入先の生物や環境に大きな影響を与える生物には，動物も植物も含まれる。

③ 日本では，人間の活動によって他の生息地からもち込まれ，移入先の生物や環境に大きな影響を与える生物の飼育や運搬を規制する法律はなく，法的規制の対象となる生物も指定されていない。

④ オオクチバスは，人間の活動によって他の生息地から日本にもち込まれ，もともと移入先に生息していたある種の魚類を激減させた。

（センター試験　追試験・改）

解答・解説

問1 ②　　問2 ①　　問3 ③

問1 ②　プランクトンからイワシへの濃度上昇は約1.4倍です。イワシからイルカへは約54倍ですので「一定の割合」ではありません。

問2 里山の雑木林は人手を加えることで維持しているんでしたね。ですから，③の「樹木が伐採されないように」は**誤り**です。
②と④は実質的に外来生物の知識を要求しています。フイリマングースが問題となっているのは沖縄本島や奄美大島ですので，本州の里山ではありません。また，オオクチバスは日本の固有種ではありませんね。

問3 特定外来生物は輸入，飼育，輸送などが法律で禁止されていますので，③の記述が**誤り**です。

無事に教科書の最後の内容までたどり着きましたね！
あとは…，次の章で問題にどのように取り組むかを学びましょう♪

第5章 生態系とその保全

18

正確に！ 総合的に！ 知識を使う！

この章では「どうやって問題を解くか」について解説をしていきます。

問題を一瞬で解いちゃうテクニックとかですか？

いやいや，そういう怪しげなテクニックではありません。

　共通テストでは，「きちんと理解していること」「きちんと知識を使えること」「きちんとデータや実験結果を解釈すること」「きちんと実験を設計できること」などが要求されます。

　ですから，小手先だけのテクニックや理解を伴わない丸暗記では高得点は望めません。第5章までで「きちんと理解していること」については達成できているはずです。それ以外の能力を鍛えるのが第6章です。具体的な問題を解きながら，説明していきたいと思います。

例題 1

ミトコンドリアに関する次の文章中の空欄に入る語の組合せとして最も適当なものを，後の①〜⑧のうちから一つ選べ。

ミトコンドリアでは酸素を用いて呼吸が行われることで有機物が分解され，水と二酸化炭素を生じながら ア と イ から ウ が合成される。生命活動の多くで使用されるエネルギーは， ウ 分子内の イ どうしを結ぶ エ の高エネルギー イ 結合に蓄えられる。

	ア	イ	ウ	エ
①	ADP	水　素	ATP	2 つ
②	ADP	水　素	ATP	3 つ
③	ADP	リン酸	ATP	2 つ
④	ADP	リン酸	ATP	3 つ
⑤	ATP	水　素	ADP	2 つ
⑥	ATP	水　素	ADP	3 つ
⑦	ATP	リン酸	ADP	2 つ
⑧	ATP	リン酸	ADP	3 つ

(センター試験　追試験)

> ふつうの知識問題ですが…

確かに，何の変哲もない知識問題だけど，どんなふうに解くかな？ 「ATPは高エネルギーリン酸結合を2つもつ！」なんていう文章を暗記していたの？

> いえ！ ATP と ADP の構造を 23 ページで学んで覚えていたので，パッと解けました。

その通り！ 生物の知識の多くは，図としてイメージできるように覚えていることが重要になります！ 知識を図としてイメージしていれば，少々ややこしい表現の選択肢であっても，予想外の方向から問われても，対応できます。

例題1の解答 　③

ポイント 図でイメージできる状態で覚えよう！

例題 2

標準 3分

次の(1)～(5)のホルモンは，図の **X ～ Z** のどの部分にある内分泌器官から主に分泌されているか。最も適当なものを **X ～ Z** の記号でそれぞれ答えよ。

(1) バソプレシン   (2) パラトルモン

(3) 鉱質コルチコイド   (4) インスリン

(5) 成長ホルモン

(センター試験 追試・改)

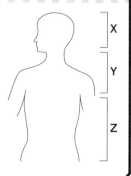

そもそも，すい臓はどこにあるの？　甲状腺はどこにある？

こういったことを知らずに「甲状腺からチロキシン！」と丸暗記しても…，イマイチおもしろくない。図を押さえることで「自分の体のことを学んでいるんだ!!」という実感がわいてきますね♪

教科書などで臓器の配置の図をもう一度見てください！　なお，(1)～(5)の各ホルモンを分泌する内分泌腺は次の通りです。

(1) **脳下垂体後葉**，(2) **副甲状腺**，(3) **副腎皮質**，

(4) **すい臓のランゲルハンス島のB細胞**，(5) **脳下垂体前葉**

例題2の解答　(1) **X**　(2) **Y**　(3) **Z**　(4) **Z**　(5) **X**

例題 3

標準 1分

次の①～④の図は，いろいろな細胞の分泌様式を図示したものである。図中の黒丸は分泌物を，また矢印は分泌の方向を示す。インスリンの分泌様式として最も適当なものを，次の①～④のうちから一つ選べ。

①

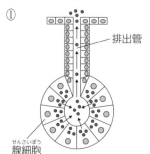

排出管

せんさいぼう
腺細胞

②

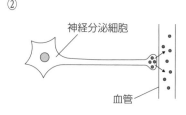

神経分泌細胞

血管

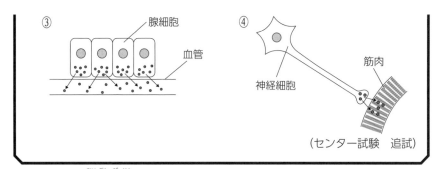

（センター試験　追試）

ホルモンは**内分泌腺**（ないぶんぴせん）から血液へ，直接分泌されますね。この段階で②と③が
ホルモンの分泌を表す図であることがわかります。64ページで解説しましたが，②のような神経分泌細胞からのホルモンの分泌を**神経分泌**（しんけいぶんぴ）といいます。視床下部から分泌される甲状腺刺激ホルモン放出ホルモンや，脳下垂体後葉から分泌されるバソプレシンなどは神経分泌細胞から分泌されます。視床下部で合成されて神経分泌されるホルモン以外のホルモン（インスリン，チロキシンなど）は，③のような腺細胞により分泌されます。

> ①は排出管を介して分泌しているので，外分泌腺ですね。
> ④は，何ですか？

あっ，④は，「生物基礎」の範囲外です！
このように，範囲外の知識が含まれるような問題であっても，「生物基礎」の範囲で必ず正解を選ぶことができるように問題がつくられているから，ビックリせずに落ち着いて解きましょう。範囲外ですが，念のため，④は運動神経の神経細胞が骨格筋に対して情報を伝えている様子です。

<u>例題3の解答</u>　③

では，次の例題にチャレンジ！

例題 4

アキラとカオルは，オオカナダモの葉を光学顕微鏡で観察し，それぞれスケッチをしたところ，次の図1のようになった。

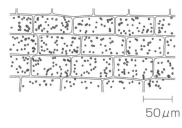

アキラのスケッチ

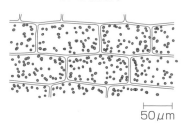

カオルのスケッチ

図1

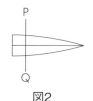

図2

次の会話中の下線部について，2人の会話と図1をもとに，葉の横断面（図2中のP−Qで切断したときの断面）の一部を模式的に示した図として最も適当なものを，後の①〜⑥のうちから一つ選べ。

アキラ：スケッチ（図1）を見ると，オオカナダモの葉緑体の大きさは，以前に授業で見たイシクラゲの細胞と同じくらいだ。実際に観察すると授業で習った細胞内共生説にも納得がいくね。

カオル：ちょっと，君のを見せてよ。おや，君の見ている細胞は，私が見ている細胞よりも少し小さいようだなあ。私のを見てごらんよ。

アキラ：どれどれ，本当だ。同じ大きさの葉を，葉の表側を上にして，同じような場所を同じ倍率で観察しているのに，細胞の大きさはだいぶ違うみたいだなあ。

カオル：調節ねじ（微動ねじ）を回して，対物レンズとプレパラートの間の距離を広げていくと，最初は小さい細胞が見えて，その次は大きい細胞が見えるよ。そのあとは何も見えないね。

アキラ：そうだね。それに調節ねじを同じ速さで回していると，大きい細胞が見えている時間のほうが長いね。

カオル：そうか，観察した部分のオオカナダモの葉は2層でできているんだ。ツバキやアサガオの葉とはだいぶ違うな。

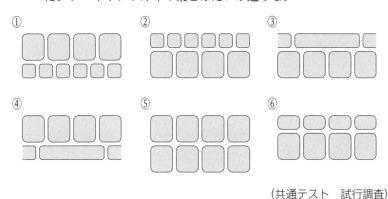

① ② ③

④ ⑤ ⑥

(共通テスト　試行調査)

　カオルの2回目の会話が解答に直結する内容です。「対物レンズとプレパラートの間の距離を広げていく」という操作を映像でイメージできますか？　次のページの図の(1)〜(3)のように，対物レンズとプレパラートの距離(図中の赤い矢印)を広げていくと…，ピントが合っている高さ(図中の●の部分)が少しずつ上にずれていきますね。

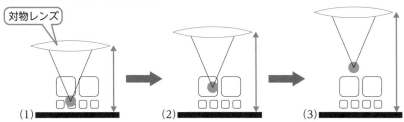

対物レンズ

(1) (2) (3)

　最初は小さい細胞が見えて(←(1)の状態)，その次に大きな細胞が見えて(←(2)の状態)，そのあとは細胞が見えない(←(3)の状態)ということです。上のような図が映像がイメージできれば OK です！

例題4の解答　①

生物を学ぶ上で図でイメージすることが重要であることがつかめましたね？　では，別のタイプの問題を解いてみましょう！

ゲノムに関する記述として最も適当なものを，次の①〜⑤のうちから一つ選べ。

① どの個人でも，ゲノムの塩基配列は同一である。

② 受精卵と分化した細胞とでは，ゲノムの塩基配列は著しく異なる。

③ ゲノムの遺伝情報は，分裂期の前期に2倍になる。

④ ハエのだ腺染色体は，ゲノムの全遺伝子を活発に転写して膨らみ，パフを形成する。

⑤ 神経の細胞と肝臓の細胞とで，ゲノムから発現される遺伝子の種類は大きく異なる。

(センター試験　本試験)

ハエのだ腺染色体…，転写して…パフ……④かなぁ？

　はい，狙（ねら）い通りの不正解(笑)。単語の組合せで正誤判定をしてしまう癖をもった受験生が多くいるんです。確かに，④は，単語の組合せがよい雰囲気を醸（かも）し出していますね。しかし，単語の組合せで正誤判定するのは絶対にだめです！　文章の正誤判定は文章の内容を吟味（ぎんみ）してください。当たり前のようなことですが，これは本当に大事！　だって，実際の試験で受験生の約3割が④を選んでしまったんですよ！

　④の記述は，「全遺伝子」がダメなんですね。細胞ごとに必要な遺伝子を選択的に発現させ（≒転写して），いらない遺伝子は転写していませんから，④は**誤り**です。

　例えば，血液型がA型の人もいるし，O（オー）型の人もいる。個々の人の間でゲノムは完全に同一でないことは明らかなので，①は**誤り**。体を構成する細胞は，1つの受精卵が体細胞分裂をくり返して生じたものなので，同一個体なら皮膚の細胞も骨の細胞も，基本的に受精卵と同じゲノムをもっています。よって，②も**誤り**。DNA量が2倍になるのは間期のS期ですから，③も**誤り**です。

　神経の細胞では神経の細胞として必要な遺伝子を，肝臓の細胞では肝臓の細胞として必要な遺伝子を発現させているので，両者で発現させている遺伝子の種類は異なりますね。⑤は**正しい**記述です。

例題5の解答　⑤

単語の丸暗記，単語の組合せに対して機械的に反応していると…「ワナ選択肢」に引っかかっちゃいますからね。

ポイント ▶ 単語の組合せや文章の雰囲気で正誤判断しない！

このアドバイスを踏まえて，もう少し演習をしてみましょう！

例題 6　　　　　　　　　　　　　標準 2分

獲得免疫（適応免疫）に関する記述として最も適当なものを，次の①〜④のうちから一つ選べ。

① 樹状細胞からの抗原提示を受けた B 細胞は，活性化して抗体産生細胞（形質細胞）となり，抗体を産生する。

② リンパ球の一種である NK 細胞は，ウイルスに感染した細胞を正常な細胞と区別して攻撃することができる。

③ 樹状細胞からの抗原提示を受けたキラー T 細胞は，ウイルスに感染した細胞やがん細胞を攻撃し，排除する。

④ 抗体はヒスタミンというタンパク質であり，抗原に結合することで，マクロファージの食作用などを活性化するはたらきをもつ。

(オリジナル)

> B 細胞 … 活性化して抗体産生細胞……
> あっ！　ちゃんと文章の内容を吟味しなくちゃ!!

そうそう！「B 細胞が抗体を産生するぞ〜♪」というだけで判断してはいけません。

①については，「樹状細胞からの抗原提示を受けた B 細胞」という冒頭部分が**誤って**います。B 細胞は樹状細胞からの抗原提示を受けることはありませんでしたね。後半がいい感じですが，そんな雑な判断をしてはいけません！

②は正しい記述ですが，獲得免疫（適応免疫）ではなく**自然免疫**についての記述です。単に文章が正しいかどうかではなく，設問の条件もチェックする習慣をつけましょうね。

③は**完璧**な記述です。少しでも不安があれば，免疫の部分を読み直してください！

④は「ヒスタミン」が**誤り**で，正しくは「免疫グロブリン」です。なお，ヒ

スタミンはアレルギーにかかわる物質です。教科書の発展に載っている内容ですので，知っておく必要はありません。

例題6の解答　③

例題 7

標準　1分

次の物質ⓐ〜ⓒのうち，リン（P）を構成元素としてもつ物質を過不足なく含むものを，後の①〜⑦のうちから一つ選べ。

　ⓐ　ATP　　　ⓑ　DNA　　　ⓒ　RNA

① ⓐ　　　　② ⓑ　　　　③ ⓒ　　　　④ ⓐ, ⓑ
⑤ ⓐ, ⓒ　　⑥ ⓑ, ⓒ　　⑦ ⓐ, ⓑ, ⓒ

（センター試験　本試験）

ATP はエネルギーの通貨，DNA は遺伝子の本体……

　ATP はエネルギーの通貨として「第1章　生物の特徴」で，DNA や RNA は「第2章　遺伝子とそのはたらき」で学んだよね。複数の分野の内容をまとめて考えるというのは，意識しないと難しいよね。

　ATP がどんな物質かについては，**例題1**でも扱ったので大丈夫ですね。アデノシンにリン酸が3つ結合した物質が ATP です。リン酸という名称からリン（P）が含まれていることを十分に推測できるでしょう。

　DNA と RNA はともに核酸で，ヌクレオチドが構成単位です。ヌクレオチドは，塩基と糖とリン酸が結合したものでした。ほら，リン酸があるから，DNA と RNA もリン（P）を含みますよね。

　この例題のように，共通テストでは教科書の複数の章にまたがるような設問が出題されますので，常に全範囲の知識を使って，総動員で問題に対峙するようにしましょう！

例題7の解答　⑦

ポイント　全範囲の知識を総動員して問題と向き合う！

このアドバイスを踏まえて，もう1つ演習しましょう！

例題 8 標準 2分

血液凝固に関する記述として最も適当なものを，次の①〜④のうちから一つ選べ

① 血小板が分泌する血液凝固因子により，アミノ酸がつながったタンパク質であるフィブリンがつくられる。

② 通常の血液中の赤血球は無核だが，血ぺいに含まれる赤血球には核が存在する。

③ 血ぺいに含まれる白血球は，ミトコンドリアをもち，二酸化炭素から有機物を合成することができる。

④ 傷ついた血管が修復されると，酵素によって赤血球が分解される線溶が起こる。

(オリジナル)

血液凝固についての設問ですが，血液凝固についての知識の丸暗記で解ける問題ではありません。

①は**正しい**記述です。フィブリンが繊維状のタンパク質であることが教科書に書かれています。そして，タンパク質は多数のアミノ酸がつながった物質であることも学んでいますね。

②について，ヒトの赤血球は無核の細胞ですね。血液中の無核の赤血球がフィブリンに絡まって固まったものが血ぺいですので，血ぺいに含まれる赤血球も無核です。

③について，白血球は動物細胞で，当然ミトコンドリアをもっています。ミトコンドリアは呼吸を担う細胞小器官ですので，酸素を消費して有機物を二酸化炭素に分解する過程で ATP をつくりだしますが，炭酸同化は行いません。

④について，線溶は酵素によってフィブリンを分解することで，これにより血ぺいが溶けて除去されます。

例題8の解答 ①

さぁ，次のパターン演習に進もう！

第 **6** 章 「考察力」をアップするスペシャル講義

例題 9 思。 やや難 1分

ホルモンに関する記述として最も適当なものを，次の①〜④のうちから一つ選べ。

① バソプレシンは，尿の塩分濃度を低下させるはたらきをもつ。

② インスリンは，肝細胞がグルコースを放出することを促進する。

③ 糖質コルチコイドは，肝細胞内のタンパク質量を減少させる。

④ パラトルモンは，尿の成分としてのカルシウムイオンの排出を促進する。

(オリジナル)

なんだか，どの選択肢も意地悪ですねぇ…

いやいや，別に意地悪なわけではありません。でも，丸暗記しているだけの受験生にとっては厳しい選択肢ですね。

バソプレシンのはたらきは？

腎臓の集合管に作用して，原尿からの水の再吸収を促進します。

正解！　普通はそう覚えていますよね。では，バソプレシンのはたらきをチャンと理解できているかチェックしよう…。バソプレシンによって，尿量はどうなりますか？　尿の塩分濃度は？　さらに，体液の塩分濃度は？

原尿から水を再吸収すると，尿量が減少します。そして，原尿からドンドン水が再吸収されていくと，尿の塩分濃度が上昇します！　逆に，体液には水がドンドンと戻っていくので，体液の塩分濃度は低下しますね。

これらについてすべて暗記しておくなんて無理です！　「水の再吸収が促進されるということは…？」と考えて，別の表現に言い換えられるかどうかがポイントになります。ですので，①は**誤り**です。

②については，知識として暗記している人も多いでしょう。**インスリン**は血糖濃度を下げるホルモンですから，血液中から細胞内へとグルコースの取り込みを促進するので，**誤り**ですね。

③も「言い換え」がポイントです。**糖質コルチコイド**が肝細胞に作用すると，タンパク質からグルコースがつくられ，血糖濃度を上昇させます。これを言い

換えると…，肝細胞内のタンパク質の量は減少しますよね。よって，③は**正しい記述**です。

　最後に④です。**パラトルモン**は**副甲状腺**（ふくこうじょうせん）から分泌され，血中のカルシウムイオン濃度を上昇させるホルモンです（⇒ p.66）。選択肢の記述を言い換えて考察しましょう。カルシウムイオンの排出を促進するということは，原尿から血中にカルシウムイオンが戻ってこないということです。これでは，血中カルシウムイオン濃度は上昇しませんね。よって，④は**誤り**です。

例題9の解答　③

ポイント　別の表現に言い換える訓練をしよう！

例題 10　　標準　

次の記述の正誤を判定せよ。

　アフリカツメガエルの卵と腸の細胞とで，$\dfrac{\text{核の大きさ}}{\text{細胞の大きさ}}$ の値を比べると，卵のほうが大きな値になる。

（オリジナル）

何ですか，この謎の分数は？

　「言い換え」を駆使して考察してみましょう！
　核の大きさですが，同じ生物の核ですので，基本的には，ほぼ同じ大きさとみなしてよいでしょう。そして，細胞の大きさは…，卵のほうが圧倒的に大きいですよね？

　この問題，言い換えてしまえば，結局のところ「卵と腸の細胞とではどっちが大きい？」という知識を問うだけの問題です。

　よって，この分数の値については，**卵のほうが小さい値になります。**
　「よく考える！」なんていう漠然としたイメージではなく，「言い換えてみよう！」という具体的な作戦を意識できれば，やさしい問題と言えますね。

例題10の解答　誤り

第**6**章　「考察力」をアップするスペシャル講義

19 実験問題を攻略しよう！

実験問題は苦手です（涙）

実験問題が苦手という人は少なくないよね。問題を解きまくっても解決できない場合も多いので，実験問題に対するちゃんとしたアプローチを学びましょう！

まずは，「教科書に載っている重要な実験(探究活動)を理解できているか？」です。操作手順や結果を暗記しているかではなく，「なぜ，その順番なのか」「この操作は何のために行うのか」などが，理解できているかどうかです。では，皆さんが理解しておく必要のある，教科書に載っている重要な実験を紹介していきますね。

❶ 顕微鏡操作とミクロメーター

光学顕微鏡は使ったことありますか？

ありま〜す！

使ったことがあるのなら，そのときの様子を思い出しながら読んでくださいね。まずは，右の図の光学顕微鏡の各部位の名称は覚えていますか？ **レボルバー**を回すと，観察に用いる**対物レンズ**を変えることができますね。光学顕微鏡を使う上での重要な注意事項である，次の3つを押さえましょう！

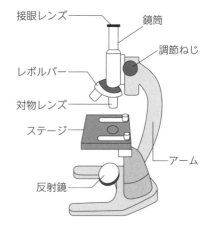

接眼レンズ
鏡筒
調節ねじ
レボルバー
対物レンズ
ステージ
アーム
反射鏡

① **接眼レンズ→対物レンズ**の順にレンズを取りつける。
② 対物レンズと**プレパラート**を離しながらピントを合わせる。
③ 顕微鏡を通して見る像は，上下左右が逆になっている。

もちろん，これ以外にも注意事項はありますが，この3つをちゃんと理解しましょう。

①は，鏡筒（きょうとう）内にホコリが入ることを防ぐため，先に接眼レンズで蓋（ふた）をしてしまうイメージです。

　②は，対物レンズとプレパラートがぶつかって破損してしまうことを防ぐためですね。

　③については…，次の問題を解いてみましょう！

例題 11

　図は，10倍の接眼レンズと10倍の対物レンズを用いて，文字と格子状の線が印刷されたスライドガラスを光学顕微鏡で観察したときの視野のようすを示している。対物レンズを40倍に交換してピントを合わせ，同じスライドガラスを観察した際の視野の様子として最も適当なものを，後の①～⑧のうちから一つ選べ。ただし，しぼりや反射鏡などの明るさにかかわる部分については，対物レンズの交換前後で調節していないものとする。

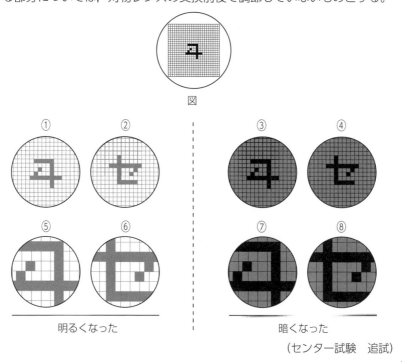

図

①　　　　　②

⑤　　　　　⑥

明るくなった

③　　　　　④

⑦　　　　　⑧

暗くなった

（センター試験　追試）

「セ」の上下左右が逆ということは…

図と同様に，この本を上下逆さま（180°回転）にして「セ」と読めるものが，上下左右が逆ですね。あと，倍率が元の4倍になったので文字の幅や高さが4倍になります。そして，倍率を高くすると視野が狭く，暗くなります。

例題11の解答　⑦

> 顕微鏡で観察しているものの大きさを測定するにはミクロメーターを使います。

　接眼ミクロメーターは接眼レンズの中にセットし，細胞などの大きさを実際に測定するために用いる目盛りです。接眼ミクロメーターの1目盛りがどれくらいの長さなのかは，毎回求める必要があります！　**対物ミクロメーター**はステージに置いて使います。対物ミクロメーターの目盛りを基準として，接眼ミクロメーターの1目盛りの長さを求めます。

> 対物ミクロメーターは基準として使う目盛りです！　測定には接眼ミクロメーターを使います！　間違えないようにしてくださいね！

　まずは，使ってみましょう！

> 図中の▼の2点で両方の目盛りがぴったり重なっていますね。

　その通り！　ここで用いた対物ミクロメーターは一般的なもので，1目盛りが10μm（＝0.01mm）としてください。この▼の間の距離は…，3×10＝30μmです。これが接眼ミクロメーターの5目盛り分に相当するのですから，接眼ミクロメーターの1目盛りは30μm÷5＝6μmと求められますね。

　ミクロメーターを用いる際の注意事項です！　レボルバーを回して対物レンズの倍率を変えたら要注意！　接眼ミクロメーターは接眼レンズの中にあるので，対物レンズの倍率を変えても接眼ミクロメーターの目盛りの見え方は変わりませんが，1目盛りが意味する長さが変わります。

上の図のように，対物レンズの倍率が元の2倍になれば，対象物の見え方は2倍になり，接眼ミクロメーター1目盛りが意味する長さは$\frac{1}{2}$倍になりますね。

例題 12 （思） 標準 3分

光学顕微鏡を用いてオオカナダモの葉の細胞を観察した。次の文章中の　ア　，　イ　に入る数値として最も適当なものを，後の①～⑧のうちから一つずつ選べ。ただし，同じものをくり返し選んでもよい。

10倍の接眼レンズと10倍の対物レンズを使い，1目盛りが1mmの100分の1である対物ミクロメーターと接眼ミクロメーターとを用いて，細胞の長さを測定したところ，細胞の長さは接眼ミクロメーターの6目盛りに相当した。このレンズの組合せのとき，接眼ミクロメーターの10目盛りが対物ミクロメーターの12目盛りに相当したので，細胞の長さは　ア　μmである。また同じ10倍の接眼レンズと，40倍の対物レンズの組合せを用いると，同じ接眼ミクロメーターの1目盛りは，理論上，　イ　μmに相当すると考えられる。

①　2　　②　3　　③　6　　④　36　　⑤　48
⑥　60　　⑦　72　　⑧　84

（センター試験　追試）

まず，「接眼ミクロメーターの10目盛りは対物ミクロメーターの12目盛りに相当した」の部分を検討しましょう！　対物ミクロメーターの12目盛りは？

1目盛りが10μmなので，120μm！

OKです。これが，接眼ミクロメーターの10目盛りに相当しますから…，接眼ミクロメーターの1目盛りは120μm÷10＝12μmです。よって，観察した細胞の長さは，6（目盛り）×12μm＝72μmとなります。

対物レンズの倍率を40倍にすると，10倍のときの4倍の倍率になりますね。すると，接眼ミクロメーターの1目盛りの長さは$\frac{1}{4}$倍，すなわち12μm×$\frac{1}{4}$＝3μmになります。

例題12の解答　ア　⑦　　イ　②

❷ 細胞分裂の観察

 ところで，授業の顕微鏡観察では，何を観察しましたか？

ええっと…，タマネギの根だったと思います。

　そのときのことを思い出しながら聞いてください♪　まず，タマネギの根端のプレパラートを作成する手順を確認しましょう！

手順①　タマネギの根を先端から1cm程度の場所で切り取り，45%酢酸に10分程度浸す。

⇒　この操作を固定（こてい）といいます。この操作によって，細胞は死んでしまいますが，細胞の構造が崩れたり，分解されたりすることが防げるので，見た目は生きていたときのままを保つことができます。

手順②　固定した根端を約60℃の希塩酸に15秒ほど浸し，スライドガラス上に観察に用いる先端の約2mmの部分を残して，他を取り除く。

⇒　この希塩酸に浸す操作を解離（かいり）といいます。植物細胞は細胞壁どうしで接着しています。温めた希塩酸に浸すと，細胞壁の接着にかかわる物質を除去することができ，細胞どうしが接着していない状態になります（下の図）。

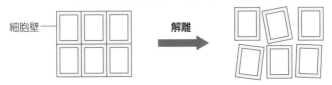

手順③　酢酸カーミン溶液などの染色液を滴下して約10分放置する。
手順④　カバーガラスを乗せ，プレパラートをろ紙の間に挟み，親指で垂直に強く押しつぶす。

⇒　**手順③**，**④**の操作をそれぞれ，**染色（せんしょく）**，**押しつぶし（お）**といいます。押しつぶしをすると，細胞が1層に広がり（＝細胞が重なっていない），観察しやすくなります（次のページの図）。

押しつぶし

細胞が1層に広がる。

根端細胞のプレパラート作成についての問題を見てみましょう。

例題 13　思　標準　2分

　タマネギの根端細胞の細胞周期の長さを調べるために，以下の実験を行った。盛んに体細胞分裂を行っている組織をタマネギの根端から取り出し，酢酸オルセイン溶液で染色し，押しつぶして標本をつくった。標本を顕微鏡で観察し，標本に含まれる間期の細胞と分裂期（M期）の細胞の数を数えた。その結果，間期の細胞が168個，M期の細胞が42個であった。

　タマネギの根端細胞の間期が20時間であるとすると，細胞周期全体の長さとM期の長さはそれぞれ何時間になるか。

（センター試験　本試験・改）

　根端分裂組織のように細胞がバラバラのタイミングでランダムに分裂している集団の場合，観察されるある時期の細胞数とある時期に要する時間との間には，ほぼ比例関係が成立するものとすることができます。

　分裂期（M期）の細胞が少なかったのは，細胞周期の中でM期に要する時間が短いから，ということですね。

　　（間期の細胞数）:（M期の細胞数）=（間期の長さ）:（M期の長さ）

　よって，M期に要する時間は，$20時間 \times \dfrac{42}{168} = 5時間$ となります。

例題13の解答　細胞周期の長さ：25時間　　　M期の長さ：5時間

　なお，細胞周期の長さは「G_1期＋S期＋……＋終期」ですが，「細胞数の倍加に要する時間」として求めることもできます。

　例えば，100個の細胞が60時間で400個になったとすると…，30時間で細胞数が倍加するというスピードで細胞数が増加しています。したがって，この細胞集団について，細胞周期の長さは30時間と求めることができます。

❸ だ腺染色体の観察

　ショウジョウバエやユスリカなどの幼虫のだ腺細胞には，普通の細胞のM期に観察される染色体の100〜150倍くらいのサイズの染色体が観察され，この染色体は**だ腺染色体**とよばれています。

　だ腺染色体を酢酸カーミン溶液や酢酸オルセイン溶液などで染色すると，多数の縞模様が見られ，この縞模様の位置が遺伝子の位置に対応すると考えられています。だ腺染色体の所々には膨らんだ部分があり，ここを**パフ**といいます。パフでは遺伝子がさかんに転写されているんです。

> puff は「フワッとしたもの」という意味の単語で，化粧用品のパフと同じ語源です。擬態語としても使われますね！
> 「パフって，パフっとしてます！」

> じゃあ，転写されている遺伝子が変われば，パフの位置も移動するんですか？

　その通り！　転写される遺伝子は，状況や発生の時期によって変わるので，別の時期の幼虫を用いて観察すると，パフの位置が異なる場合があります。

例題 14

　だ腺染色体およびだ腺染色体の観察についての記述として最も適当なものを，次の①〜④のうちから一つ選べ。
　① ハエのだ腺染色体は，ゲノムの全遺伝子を活発に転写して膨らみ，パフを形成する。
　② 染色体あたりの横縞の数は，どの染色体でも一定である。
　③ それぞれの横縞は，遺伝子の位置に対応する。
　④ 酢酸オルセインで染色すると，青緑色の横縞が観察される。

（オリジナル）

　各選択肢を吟味していきましょう！
　全遺伝子が同時に発現しているという状況はありえませんね。細胞ごとに，状況に応じて必要な遺伝子を選択的に発現させているので，①は**誤り**です。

だ腺染色体の横縞（縞模様）は遺伝子の位置に対応するんでしたね！　ということは③が正解ですね。

その通りです。染色体ごとに遺伝子の数が異なるので，横縞の数も染色体ごとに異なり，②は**誤り**です。最後に，酢酸オルセインで染色した場合，赤色の横縞が観察されるので，④も**誤り**です。

だ腺染色体の観察についてはこれで完璧です！

例題14の解答　③

❹ DNA の抽出

様々な生物の細胞から DNA を取り出す実験について，シッカリと学びましょう！　くり返しになりますが，操作手順の丸暗記ではダメですよ！　「何のためにその操作をするのか，何が起きているのか？」を意識しましょう！

高校の授業ではブロッコリーなどを用いて実験することが多いようですね。

手順①　材料を乳鉢に入れてすばやくすりつぶす。

手順②　DNA 抽出液（←食塩水と中性洗剤を混ぜたもの）を加えてかき混ぜる。

⇒　中性洗剤によって細胞膜や核膜が壊れます！　そして，DNA が食塩水に溶け出すんです。

手順③　手順②の液体を重ねたガーゼでろ過する。

⇒　DNA は食塩水に溶けているので，ガーゼを通過できます。邪魔な固形物などは，このプロセスで除去できますね。

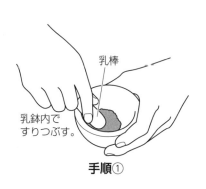

乳棒

乳鉢内で
すりつぶす。

手順①

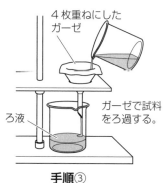

4枚重ねにした
ガーゼ

ろ液

ガーゼで試料
をろ過する。

手順③

> **手順④** ろ液に冷やした**エタノール**を静かに注ぎ，析出した白い繊維状の
> 物質をガラス棒などで巻き取る。

⇒ DNA が溶けている食塩水にエタノールを加えると DNA が溶けていられ
なくなり，沈殿します。DNA は長～い繊維状の物質なので，この沈殿をガ
ラス棒などに絡めて回収することができます。

例題 15

ブロッコリーの花芽から DNA を抽出する実験を行った。植物細胞の細
胞膜の外側は細胞壁に囲まれているので，まず細胞壁を含む構造を破壊す
るために，花芽を乳鉢に入れ，乳棒を用いてすりつぶした。DNA は，核，
葉緑体，ミトコンドリアに含まれている。そこで，これらの膜構造を破壊
するために，花芽をすりつぶしたものに中性洗剤を含む食塩水を加えて混
ぜ，10分間放置した。この破砕液を4枚重ねのガーゼでろ過し，ろ液に冷
やしたエタノールを静かに注いだ。ろ液とエタノールの境界面に DNA が
含まれる繊維状の物質が析出した。

問1 DNA を抽出するための材料として適当でないものを，次の①～⑥の
うちから一つ選べ。

① ニワトリの卵白 　　② タマネギの根
③ アスパラガスの若い茎 　　④ バナナの果実
⑤ ブタの肝臓 　　⑥ サケの精巣

問2 DNA と遺伝情報に関する記述として最も適当なものを，次の①～④
のうちから一つ選べ。

① ブロッコリーの花芽から抽出した DNA がもつ遺伝情報と，同
じ個体の葉から抽出した DNA がもつ遺伝情報は一致する。

② ブロッコリーの花芽から抽出した DNA には，ブロッコリーの
花芽に存在するタンパク質に関する遺伝情報のみが存在する。

③ ブロッコリーの花芽から抽出した DNA には，ブロッコリーの
根のはたらきにかかわる遺伝子は含まれない。

④ ブロッコリーの花芽から抽出した DNA の全塩基配列と，同じ
個体の花芽から抽出した RNA の全塩基配列は一致する。

(センター試験　本試験・改)

問1 ニワトリの卵白は細胞ではありません。よって，卵白には DNA があり
ませんので，卵白から DNA を抽出することはできません。

問2 動物も植物も個体を構成するすべての細胞は基本的に同じ DNA をもっ
ていますが，分化した細胞ごとに異なる遺伝子が選択的に発現しているん
でしたね。①が**正解**となります。

> **例題15の解答**　**問1**　①　　**問2**　①

❺ 運動による心拍数の変化の観察

> 運動をすると心拍数が増加することは経験的に知っているよね？

> もちろん知ってはいますけど，そのしくみとなると……

まずは，転ばないように気をつけて実験してみましょう。

---

① 踏み台とストップウォッチを準備し，運動前に心拍数を測定する。
② 数分間，踏み台の昇降をくり返す。
③ 運動直後から1分おきに心拍数を測定する。

　心拍数を測定した結果が右のグラフ
です。

　この結果について考察してみましょ
う！　足を動かしたという情報が心臓
に伝わった結果，心拍数が増加しまし
たね。どのように，情報が伝わったの
でしょう？

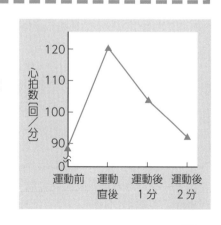

> 足の筋肉が運動するためには，ATP をいっぱい使いますね。

　その通りです。運動で使うための ATP は呼吸によってつくりだすので，筋
肉では活発に呼吸が行われ，二酸化炭素（CO_2）が生じます。すると，血液中

のCO₂濃度が高くなりますよね。血液中のCO₂濃度が上昇すると，この変化を延髄が感知します。すると，延髄から交感神経によって心臓の右心房にある洞房結節に情報が伝えられ，心臓の拍動が促進されるんです。

　運動後，徐々に心拍数が減少している理由はわかりますか？

> 運動時の逆なので，血液中のCO₂濃度が低下しますよね。

　そうです。血液中のCO₂濃度が低下し，これを延髄が感知します。すると，副交感神経によって心臓の洞房結節に情報が伝えられ，心臓の拍動が抑制されるんです。

> 寒いときに心臓の拍動が促進するしくみとは違うんですか？

　なんとすばらしい質問！　その場合は，体温の低下を間脳の視床下部が感知し，交感神経で心臓の拍動を直接促進したり，アドレナリンの分泌を介して心臓の拍動を促進したりします。

例題 16　　　　　　　易　1分

　運動前後における心拍数の変化とそのしくみに関する記述として**誤っているもの**を，次の①～④のうちから一つ選べ。
① 運動によって血液中の二酸化炭素濃度が上昇する。
② 血液中の二酸化炭素濃度の変化を間脳の視床下部が感知する。
③ 自律神経が心臓の右心房に接続し，情報を伝える。
④ 交感神経によって心臓の拍動が促進される。

（オリジナル）

　血液中のCO₂濃度の変化は延髄で感知されるので，②が**誤り**です。交感神経も副交感神経も心臓の右心房にある洞房結節につながっていますので，③は**正しい**記述です。

 例題16の解答　　②

❻ 食作用の観察

　生体防御のしくみは，あらゆる生物に備わっています。適応免疫（獲得免疫）は脊椎動物に特有のしくみですが，白血球による食作用などは無脊椎動物にもみられます。コオロギやカイコガを用いて，白血球の食作用を観察することができますよ！

> ①　コオロギの腹部に少量（約0.1mL）の墨汁（ぼくじゅう）を注射して，1日放置する。
> ②　コオロギの後肢を切断し，切断面をスライドガラスにこすりつけ，生理食塩水を滴下して乾燥させる。
> ③　メタノールを滴下して**固定**（こてい）し，染色液により**染色**（せんしょく）して，顕微鏡で観察する。

 墨汁を取り込んだ白血球が見つかるはずです！

　この観察を通して，白血球が異物を細胞内に取り込んで処理していることがわかると思います。白血球が病原体などの異物を取り込み，分解するはたらきは**食作用**（しょくさよう）とよばれ，下の図のように進みます。

核
白血球
病原体

細胞内への取り込み

分解する

❼ 水質調査

> 「さぁ，水質調査に川に行ってみよう！」という内容です。
> しかし，現実には，川に足を運んで水質調査って，なかなかできない実験ですよね。

> 夏休みの自由研究みたいですね！

COD（化学的酸素要求量）を調べることで，水の汚れのレベルを知ることができます。COD というのは，「水中に存在する有機物を化学的に酸化させるために必要な酸素量」と表現され，COD が高いほど水中の有機物量が多く，水が汚れているということになります。

水の汚れのレベルは，COD のような化学的な指標だけでなく，生息している生物から知ることもできます。例えば，サワガニやカワゲラはきれいな水でないと生息できません。これらの生物が生息していれば，その水はきれいな水だと判断できます。環境条件を知る手がかりとなる生物を指標生物といいます。

例題 17　　　　　　　　　　　　　　やや易　1分

水の汚染の程度を表す用語として COD がよく使われる。COD は化学的酸素要求量とよばれ，試料に含まれる有機物を化学的に酸化する際に必要となる酸素量を表している。ある水の COD が高いということはどういうことか。最も適当なものを，次の①〜④のうちから一つ選べ。

①　その水の溶存酸素量が多い。　　②　その水の透明度が高い。

③　その水の有機物量が多い。　　④　その水にいる微生物が多い。

(オリジナル)

これは，知識を確認する問題です。COD が高いということは，水中に存在する有機物量が多いということ，つまり，水が汚いということでしたね。

 例題17の解答　　③

20 グラフで与えられた情報を解釈する！

 実践的な問題を使いながら，共通テストで求められる学力（思考力・判断力・表現力）を伸ばしていきましょう！

グラフの問題は難しいイメージがありますが…，

　じゃあ，グラフ問題の対策から始めよう！　さて，グラフが出てきたら最初に何をしますか？

グラフの形を見て……，

　もちろん，グラフの形も重要です。でも，絶対に意識してほしいのは**「縦軸と横軸の意味を分析すること」**です。そして，グラフの形を分析したり，重要な点を発見したり……，と作業を進めます。軸の意味を間違えているとそれ以降の作業がすべて無意味になっちゃいますからね。「脳トレ」だと思って次の例題を考えてみましょう！

例題 18 思 標準 2分

　ある植物 X について，4月上旬から時期をずらして種をまき，温度を一定に保った野外の温室で育て，芽が出てから開花までの日数を調べた。その結果が右の図である。なお，種をまいた時期にかかわらず，種をまいた30日後に発芽したものとする。

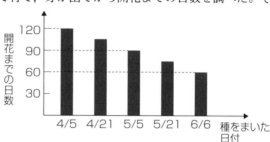

　この実験結果に関する記述として最も適当なものを，次の①〜④のうちから一つ選べ。

① 芽が出てから開花までの日数は，芽が出た時期によらず一定である。

② 開花した時期は，芽が出た時期によらず一定である。

③ 芽が出た時期が遅くなるほど，開花率が低下する。

④ 芽が出た時期が遅くなるほど，成長速度が小さくなる。

(オリジナル)

「棒グラフの長さが短くなっていく！」じゃなくて，軸の意味の分析ですね！

　その通り！　軸の意味の分析っていうのがポイントで，単に軸の意味のチェックではありません。

　さて，縦軸の意味をどのように解釈しますか？　グラフを見て「…で，このグラフはどういうことを表しているの？？？」となったら，グラフを自分でかき換えてみたり，軸の意味を言い換えてみたりする必要があります。

　本問の実験の様子を右のページのような図にしてみましょう！　図中の●は芽が出た時期，❀は開花した時期です。

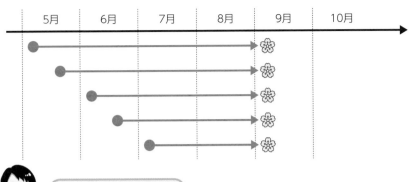

 何がわかりましたか?

開花時期は全部同じです!

　その通りです。グラフを解釈する際に,グラフをそのままの形で理解できる場合はラッキーです。現実には,様々な作業をしながらグラフを解釈していく必要があるんだということを納得していただけましたね。

　読めば解ける問題ですので,「脳トレ」として取り組んでもらいました!

例題18の解答　②

 しばらく「目新しいグラフ」が登場する問題に取り組んでいきましょう!

例題 19

思 標準 2分

右の図は，ある草原で単位面積あたりのヤチネズミの捕獲個体数を20年以上にわたって調べたものである。このようにヤチネズミの個体数が変動しながらも長期間でみると一定の範囲内に保たれた原因として**考えられないもの**を，次の①〜⑥のうちから一つ選べ。

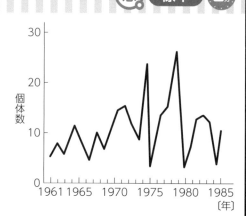

① ヤチネズミが増えると，一部のヤチネズミが別の草原を求めて移動した。

② ヤチネズミが増えると，捕食者であるワシやタカの個体数が増えた。

③ ヤチネズミが増えると，ヤチネズミの子が病気などで死亡する率が高まった。

④ ヤチネズミが減ると，ヤチネズミの主な食物であるカヤツリグサが増えた。

⑤ ヤチネズミが減ると，別種のネズミが侵入してヤチネズミの資源を消費した。

⑥ ヤチネズミが減ると，個体あたりの資源が増加し，出生率が高まった。

（センター試験　本試験）

 理由として**考えられないもの**を選ぶんですよ！　注意しましょう！

　個体数が変動しながらも長期間で見ると一定の範囲内に保たれるということは…，個体数が増加したら個体数が減少し，個体数が減少したら個体数が増加しているということですね。

負のフィードバック調節みたいなイメージですか？

おぉ，確かにそういうイメージだね！

　①を見てみよう！　個体数が増えると調査している草原から出て行ってしまうので，この草原の個体数は減る…，あり得る仮説だね。

　②や③も個体数が増えると，個体数が減るという仮説なので，あり得る仮説です。

　これとは逆に，④と⑥は個体数が減ると，個体数が増えるという仮説なので，これらもあり得る仮説。⑤は個体数が減ると，別種のネズミによって資源が減少してしまい，さらなる個体数の減少が起きてしまうという仮説なので，これはあり得ない仮説です。

例題19の解答 ⑤

例題 20

思 難 4分

光強度が光合成に与える影響を調べるために，次の実験を行った。

実験 ある樹木 X の陽葉を大気中で20℃に保温し，照射する光の強さを変えて葉の面積あたりの酸素放出量の時間的な変化を調べた（次のページの図）。ただし，酸素放出量は，光照射開始後に放出された酸素量である。7段階の光の強さは，光強度0（暗黒），25，100，200，500，1000，および1500という相対値で示した。なお，樹木 X の陽葉の呼吸速度は光の強さによらず一定であるものとする。

実験結果が示す酸素放出速度（酸素放出量の時間的な変化）は，光合成による酸素放出速度と呼吸による酸素消費速度の差し引きであり「見かけの光合成速度」とよばれる。これに対して，植物が実際に行っている光合成による酸素放出速度は「真の光合成速度」とよばれる。実験結果から考えられる樹木 X の陽葉に関する記述として最も適当なものを，次の①〜④のうちから一つ選べ。

① 光強度100のときの見かけの光合成速度は，光強度25のときの見かけの光合成速度の4倍である。

② 光強度200のときの見かけの光合成速度は，光強度100のときの見かけの光合成速度の2倍である。

③ 光強度500のときの真の光合成速度は，光強度100のときの真の光合成速度の2倍である。

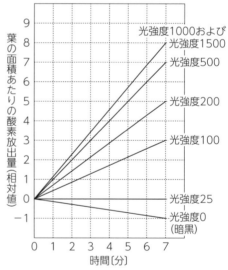

④ 光強度1000のときの真の光合成速度は，光強度25のときの真の光合成速度の8倍である。（センター試験　本試験）

グラフがたくさんある（涙）　しかも見たことのないグラフ…

　見たことがないグラフでも，よ〜く見ると「見たことのある単語」「見たことのある軸」などがある場合があります。そもそも，このグラフは光強度が光合成に与える影響を調べた結果ですね。

もしかして99ページのグラフと何か関係があるのかな？

　すばらしい！「あのグラフと関係あるのかなぁ〜？」という発想は非常に重要です！　では，99ページのグラフを踏まえて，光強度と7分間における(差し引きの)酸素放出量との関係のグラフをかいてみましょう。

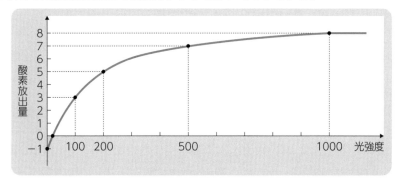

　急に見覚えのあるグラフに早変わりです！　設問文にある通り，「見かけの光合成速度」は差し引きでの酸素放出量ですから，このグラフの目盛りをそのまま読めばOK。

　「見かけの光合成速度」について，光強度25では0，光強度100では3，光強度200では5ですので，①も②も**誤り**です。「見かけの光合成速度」は「真の光合成速度」から「呼吸速度」の分を差し引いたものですので…**見かけの光合成速度＝真の光合成速度−呼吸速度**という関係が成立しています。光強度0で呼吸のみを行っているデータより，呼吸速度は1ですので，「真の光合成速度」について，光強度25では0＋1＝1，光強度100では3＋1＝4，光強度500では7＋1＝8，光強度1000では8＋1＝9となります。よって，③が**正しい記述**です。

例題20の解答　　③

次のページの図は陽葉と陰葉における，光の強さと二酸化炭素吸収速度との関係である。図中の下向きの矢印は，陽葉か陰葉のいずれかが日中に受ける平均的な光の強さを示している。ブナの葉を捕食するブナアオが大発生し，ブナアオが陽葉と陰葉を共につけるブナ個体の葉を食い進むと，二酸化炭素吸収速度はどのように変化すると予測されるか。ブナ1個体あたりの変化の傾向を示すグラフとして最も適当なものを，後の①〜⑥のうちから一つ選べ。なお，ブナアオは陰葉から食い始めるものとする。

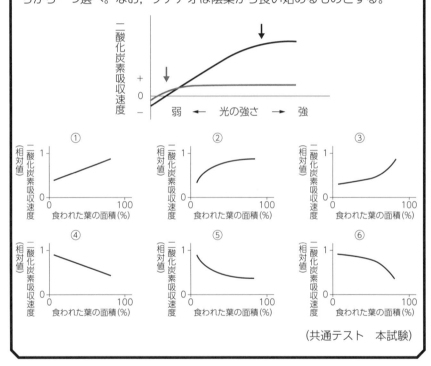

（共通テスト　本試験）

 陰葉から食い始めるということはどういうことだろう？

食われた葉の面積が少ないうちは，陰葉だけが食べられていると思っていいんですね。

その通りです！　図より，陰葉はもともと見かけの光合成速度が小さいの
で，陰葉が食べられても個体あたりの二酸化炭素吸収速度は少ししか減少しま
せん。しかし，陽葉は見かけの光合成速度が大きいので，陰葉がなくなり陽葉
が食べられるようになると，個体あたりの二酸化炭素吸収速度が大幅に低下し
ます。

　よって，**食われた葉の面積が増えていくと，急激に二酸化炭素吸収速度が低
下する⑥が正解となります。**

> 下層に存在する陰葉が食べられても，上層に存在する陽葉に届く
> 光の強さは変わりませんので，光の強さについては複雑に考える
> 必要がありません。

例題21の解答　⑥

　ヒトが同一の病原体にくり返し感染した場合に産生する抗体の量の変化を表すグラフとして最も適当なものを，次の①〜⑥のうちから一つ選べ。ただし，最初の感染日を0日目とし，同じ病原体が2回目に感染した時期を矢印で示している。

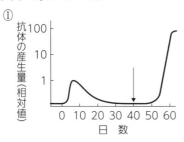

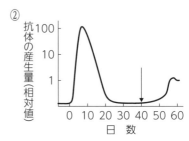

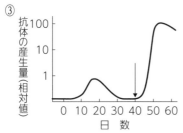

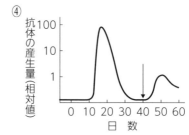

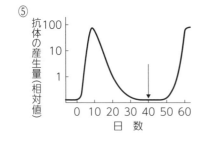

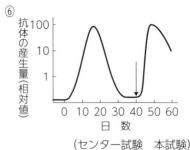

（センター試験　本試験）

同じ抗原が再度侵入したときは，１度目よりも早く多くの抗体をつくることができます！

その通りです。ということで，「早く」と「多く」の両方を満たすグラフは…，③ですね。

例題22の解答　③

例題 23

思　やや難　2分

ハブに咬まれた直後にハブ毒素に対する抗体を含む血清を注射した患者に，40日後にもう一度同じ血清を注射したと仮定する。このとき，ハブ毒素に対してこの患者が産生する抗体の量の変化を示すグラフとして最も適当なものを，次の①～⑥のうちから一つ選べ。

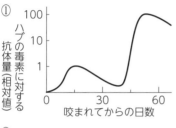

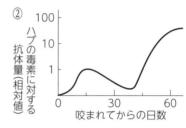

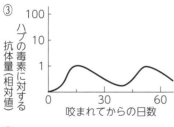

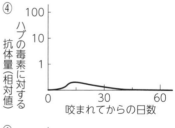

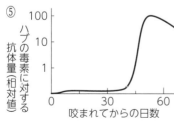

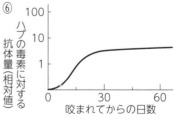

（共通テスト　試行調査）

第6章　「考察力」をアップするスペシャル講義

例題 22 と同じ問題ですか？　じゃあ①ですね！

「…間違うだろうなぁ〜」と思いました。この問題，正答率が10% にも満たなかった問題です。ほとんどの受験生が，①を選んでしまったんですよ！

がーーーーーん！

軸の意味を確認しなきゃ！

　この患者さんは，ハブに咬まれた直後に血清を注射されたんですよね？　そして，この血清に含まれていた抗体でハブ毒素を処理したんです。問題は，「患者が産生する抗体量」ですが，この患者さんは自分で産生した抗体によってハブ毒素を処理したわけではないんです！　よって，ハブに咬まれた直後，抗体がほとんど産生されていないグラフを選びます。

あぁ，わかってきた…。何かものすごく悔しい…

　そして，ハブに咬まれてから40日のタイミングで「もう一度血清を注射した」んです！　もう一度ハブに咬まれたのではありません!!　ですから，ここではハブ毒素に対する抗体は産生されません。結局，この実験を通して，患者さんはハブ毒素に対する抗体をほとんど産生しないんです！　かなり，注意深く読んで，グラフの軸の意味を確認しないと，何となく雰囲気で①を選んでしまいます。ちょっと意地悪な問題ではありますが，今後に活かしてください！

例題23の解答　④

21

第6章 「考察力」をアップするスペシャル講義

計算問題を攻略しよう!

> グラフを読み取る訓練はだいぶできるようになりましたね。
> では,計算問題を中心にさらに演習を進めていきましょう♪

共通テストに対して,次のような問題作成方針が大学入試センターから発表されています(2019年6月7日)。

> 日常生活や社会との関連を考慮し,科学的な事物・現象に関する基本的な概念や原理・法則などの理解と,それらを活用して科学的に探究を進める過程についての理解などを重視する。問題の作成に当たっては,身近な課題等について科学的に探究する問題や,得られたデータを整理する過程などにおいて**数学的な手法を用いる問題**などを含めて検討する。

「数学的な手法を用いる問題を出したいなぁ〜」ということですね。定番の計算問題は第5章までで解説していますが,試験会場で計算方針を立てて解く必要のある問題を中心に演習してみましょう。

例題 24 （思）標準 3分

次の文章中の □ に入る数値として最も適当なものを,後の①〜⑥のうちから一つ選べ。

　あるmRNAの塩基組成を調べると,このRNAを構成する全塩基に占めるシトシンの数の比率は15%であることがわかった。また,このRNAのもととなった遺伝子の2本鎖DNAの塩基組成を調べると,その2本鎖DNAを構成する全塩基に占めるシトシンの数の比率は24%であることがわかった。このとき,このRNAを構成するグアニンの数の比率は □ %である。

① 12　　② 15　　③ 24　　④ 26　　⑤ 33　　⑥ 36

(センター試験　本試験)

> シャルガフの規則を使うことはわかりますが,
> 一筋縄(ひとすじなわ)ではいかない感じですね。

この問題のポイントは、ズバリ…「**図をかきながら計算する！**」です。

下の図は、遺伝子を転写して mRNA をつくる様子をかいたものです。

まずは、シャルガフの規則です！　2本鎖 DNA における C の数の比率が24% ということは、G も24%、A と T はともに26% ですね。そして、mRNA の塩基の15% が C（図の❶）という情報が与えられています。このことから、何がわかりますか？　下の図を眺めながら考えてみましょう。

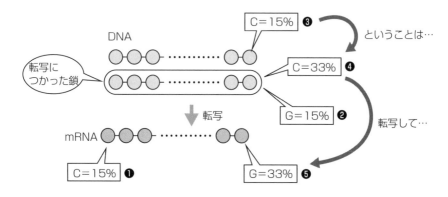

さらに転写につかわなかった鎖の C の比率も15% とわかりますね（図の❸）。32ページの「チェック問題」の解説をもう一度読むと、ここから先の道筋が見えてくると思いますよ！

DNA の2本鎖全体における C の比率は24% ですが、これは転写につかった鎖とつかわなかった鎖の平均値になりますね。ですから、転写につかった鎖における C の比率を x とすると、$x + 15 = 24 \times 2$ より $x = 33\%$ です（図の❹）！この33% を出せるかどうかがポイントです!!　ということで、この鎖を転写してつくられた mRNA における G の比率も33% となります（図の❺）。

例題24の解答　⑤

例題 25

思. 標準 4分

文中の空欄に入る数値の組合せとして最も適当なものを，あとの①～⑧のうちから一つ選べ。

ヒトのゲノムは約30億塩基対からなっている。タンパク質のアミノ酸配列を指定する部分(以後，翻訳領域とよぶ)は，ゲノム全体のわずか1.5％程度と推定されているので，ヒトのゲノム中の個々の遺伝子の翻訳領域の長さは，平均して約 ア 塩基対だと考えられる。また，ゲノム中では平均して約 イ 塩基対ごとに一つの遺伝子(翻訳領域)があることになり，ゲノム上では遺伝子としてはたらく部分はとびとびにしか存在していないことになる。

	ア	イ		ア	イ
①	2千	15万	②	2千	30万
③	4千	15万	④	4千	30万
⑤	2万	150万	⑥	2万	300万
⑦	4万	150万	⑧	4万	300万

(センター試験　本試験)

いやっ（>. <）　これは難しいですね…

確かに，この問題は「すごく難しく見える問題」です。
特に イ が難しく見えるよね！

まずはコツコツと，できる作業から進めていきましょう。

ヒトのゲノムは30億塩基対からなり，その1.5％がアミノ酸配列を指定しているんですね。ということは，アミノ酸配列を指定している領域は何塩基対ということになりますか？

$$30億塩基対 \times \frac{1.5}{100} = 4500万塩基対ですね♪$$

正解！　計算方針が立たなくても，ひとまず問題に与えられた数値で何かを計算してみることが大事です。

そして，個々の遺伝子は何塩基対なのかを求める必要があります。問題中の

第 **6** 章

「考察力」をアップするスペシャル講義

数値だけではどうにもならないですね。そんなときは，教科書の中で紹介された重要な数値を使う可能性を疑いましょう！　ヒトの体の細胞には染色体が46本，血糖濃度の正常値は0.1％，肝小葉には肝細胞が約50万個，mRNAの3塩基で1つのアミノ酸を指定する……さぁ，他にもたくさん重要な数値がありました…。さぁ！　ほれっ！

　ヒトの遺伝子の数は約20500個でしたね（⇒ p.35）。約20500個の遺伝子の合計が4500万塩基対です。1個の遺伝子は約何塩基対…？

> 4500万塩基対÷20500個で求まりますね♪

　うんうん，その計算方針だね。でも，よ～く選択肢を見てみよう。そんなに正確に計算する必要あるかな？　計算問題は正しい式をつくれれば，基本的に暗算で解けます。つまり…，20500ではなく，約20000で計算しても選択肢の吟味は可能。4500万÷20000＝2250塩基対で，実際はこれより，もうちょっと小さい値になる！　よって，　ア　には「2千」が入ります。

　30億塩基対もあるDNAに，約2000塩基対の遺伝子があるんですよ。遺伝子なんて「点」みたいなものでしょ？　つまり，30億塩基対のDNAに点が約20500個あるイメージです（下の図）。**図をかきながら計算する！**」がポイントでしたね。

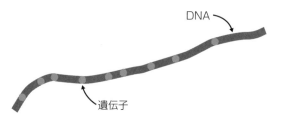

DNA

遺伝子

　そうすると，遺伝子（←上の図中の点）は平均すると何塩基対ごとにあることになりますか？

> 30億÷20500で求められますけど……。大雑把に計算すればOKですね。

　その通り。30億÷20000＝15万ですから，約15万塩基対ごとに1〜子があることになりますね。

例題25の解答　①

共通テストでは「データを整理する過程などにおいて数学的な手法を用いる問題」が出題されます。

足し算したり，掛け算したり，確率を求めたり…，ちょっと，計算させられる覚悟をもっておきましょうね。

例題 26

 思. やや難 4分

　ヒトの体細胞では，細胞周期に伴う DNA の複製は，DNA の複数の場所から開始される。1回の細胞周期の間に，DNA の1つの場所で1×10^6塩基対の DNA が複製されるとすると，1個の体細胞の核ですべての DNA が複製されるためには，いくつの場所で複製が開始される必要があるか。その数値として最も適当なものを，次の①〜⑥のうちから一つ選べ。ただし，ヒトの精子の核の中には，3×10^9塩基対からなる DNA が含まれるとする。

① 1500 　　② 2000 　　③ 3000
④ 6000 　　⑤ 12000 　　⑥ 24000

（共通テスト　本試験）

　設問文を読むと，DNA の複製は DNA 分子の様々な場所からスタートすることがわかりますね。1か所の複製が開始される場所につき，1×10^6塩基対の DNA をつくることも与えられています。

それでは，3×10^9 を 1×10^6 で割れば OK ですね？

　いや，いや，いや！　そのミスは本当にやっちゃいけない定番のミスだよ！「精子の核に含まれる DNA が3×10^9塩基対」で，「1個の体細胞の核で…，いくつの場所で複製が開始される必要があるか」という設問です！　**体細胞の核には精子の核の2倍の DNA が入っています。**ですから，**6×10^9塩基対の DNA を複製しないといけないんです。**よって，本問の解答は次式によって求めることができます。

$$\frac{2 \times 3 \times 10^9}{1 \times 10^6} = 6 \times 10^3$$

例題26の解答　④

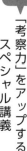

例題 27

 思 難 5分

ヒロ：ブタの組織片10gから9.7mgのDNAが得られたね。これがすべて核内にあったもので，そのすべてを取り出せたと考えてみよう。

ケイ：資料集で調べると，ブタの精子の核には，約2.5×10^9塩基対のDNAが含まれていて，1mgのDNAは約9.25×10^{17}塩基対になるそうだよ。

ヒロ：ということは，10gの組織片から得られたDNAは，ブタの精子1個の核に含まれるDNA量の ア 倍に相当するね。

ケイ：実験前に計測しておいた肝臓全体の重さは1.5kgだったから，この肝臓は約 イ 個の細胞でできていることになるね。

問 上の会話文中の ア ・ イ に入る数値の組合せとして最も適当なものを，次の①～⑧のうちから一つ選べ。なお，肝細胞はすべてG_0期にあるものとする。

	ア	イ
①	3.6×10^9	2.7×10^{11}
②	3.6×10^9	5.4×10^{11}
③	3.6×10^9	1.8×10^{12}
④	3.6×10^9	3.6×10^{12}
⑤	2.4×10^{10}	2.7×10^{11}
⑥	2.4×10^{10}	5.4×10^{11}
⑦	2.4×10^{10}	1.8×10^{12}
⑧	2.4×10^{10}	3.6×10^{12}

(共通テスト　追試験)

 これは過去問の中でもトップレベルに難しい計算問題です！

10gの組織片に含まれるDNAが9.7mg，精子1個の核に含まれるDNAが2.5×10^9塩基対ですね。単位をそろえないと計算できません！

1mgのDNAが9.25×10^{17}塩基対を使うんだろうけど，計算が面倒ですね……。

選択肢を分析すると，3.6×10^9倍と2.4×10^{12}倍のどちらが妥当な値なのかを選べばよいので，大雑把に計算する方針で行きましょう。ひとまず，単位を

「塩基対」にそろえる方針で計算式をつくってみると次のようになります。

$$\frac{9.7 \times 9.25 \times 10^{17}\text{塩基対}}{2.5 \times 10^{9}\text{塩基対}}$$

計算したくないですね！　とりあえず「$9.7 \div 10$」ということにしてしまいましょう。　そうすると，先ほどの式は $\dfrac{4 \times 9.25 \times 10^{17}\text{塩基対}}{10^{9}\text{塩基対}}$ となり，「$9.25 \div 9$」ということにしてしまえば，3.6×10^{9}倍となります。

> す…すごい！　四捨五入をこんなにも有効に使うとは‼

> 計算問題は正確に式をつくって，大雑把に計算する！
> さぁ，先に進もう！

とりあえず，10gの組織に含まれる細胞数を出しましょう！　求めたい数値は1.5kgの肝臓に含まれる細胞の数ですので，10gの組織に含まれる細胞数の150倍です。毎度の忠告ですが，**体細胞に含まれる DNA は，精子に含まれる DNA の2倍**ですよ。

1.5kg の肝臓に含まれる細胞数　＝　10g の組織に含まれる細胞数×150

$$= \frac{9.7 \times 9.25 \times 10^{17}}{2 \times 2.5 \times 10^{9}} \times 150$$

赤線で囲まれた部分は　**ア**　の解答ですので，3.6×10^{9}ですね。よって，求める細胞の数は$3.6 \times 10^{9} \times 75$です。$3.6 \times 0.75 = 2.7$であることがわかれば……，あっという間にでき上がり〜！　2.7×10^{11}個となります。

例題27の解答　①

例題 28

次の文中の空欄に入る数値として最も適当なものを，後の①〜⑦のうちから一つずつ選べ。ただし，同じものをくり返し選んでもよい。

DNA の塩基配列は，RNA に転写され，塩基3つの並びが1つのアミノ酸を指定する。例えば，トリプトファンとセリンというアミノ酸は，次の表の塩基3つの並びによって指定される。任意の塩基3つの並びがトリプトファンを指定する確率は ア 分の1であり，セリンを指定する確率はトリプトファンを指定する確率の イ 倍と推定される。

塩基3つの並び			アミノ酸
UGG			トリプトファン
UCA	UCG	UCC	セリン
UCU	AGC	AGU	

① 4　　② 6　　③ 8　　④ 16　　⑤ 20　　⑥ 32　　⑦ 64

(共通テスト　試行調査)

嫌がらずに「数学的手法」はドンドン使いましょう！

mRNA に含まれる塩基は A，U，G，C の4種類です。ということは，「塩基3つの並び」は何通りありますか？

4 × 4 × 4 = 64 通りですね。

では，任意の塩基3つの並びが偶然に「UGG」である確率は？

64通りのうちの1つですから $\frac{1}{64}$ です。

OK，これが ア の解答です。では，任意の塩基3つの並びが偶然にセリンを指定するコドンのどれかになる確率は…？

64通りのうちの6つですから $\frac{6}{64}$ です！

ということで，任意の塩基3つの並びがセリンを指定する確率はトリプトファンを指定する確率の6倍となります。

例題28の解答　ア ⑦　イ ②

22 読解要素の強い考察問題！

計算やグラフを使った問題の対策をゴリゴリとやってきました。ここからは**読解の要素が強い考察問題**の対策をしていきましょう。

例題 29

ワモンゴキブリ（以下「ゴキブリ」という。）は，触角による匂いの感覚と口による味の感覚の2つを結び付ける学習と記憶の能力をもっている。この能力を調べる目的で，以下の行動観察実験を行った。行動の違いを量的にとらえる方法として，ゴキブリが2つの異なる匂いのそれぞれに留まる時間の長さを測り，その違いに着目した。

実験1 バニラの匂いもペパーミントの匂いも経験したことのないゴキブリを，1匹ずつバニラとペパーミントの2つの匂い源を置いた測定場に放し，個体ごとにペパーミントの匂い源を訪問していた時間の長さ（Tp）とバニラの匂い源を訪問していた時間の長さ（Tv）を測った。ペパーミントの匂いに引きつけられる度合い（誘引率）を，誘引率 $[\%] = \dfrac{Tp}{Tp + Tv} \times 100$ で表して，図1のaを得た。図の横軸は誘引率，縦軸は誘引率10%ごとの区間に入った個体数を示してある。

実験2 ペパーミントの匂い源のそばに砂糖水を，バニラの匂い源のそばに食塩水を置いて，ゴキブリに1回だけ味を経験させ，1週間後に**実験1**と同じように2つの匂い源のみを与えて誘引率を測定したところ，図1のbが得られた。

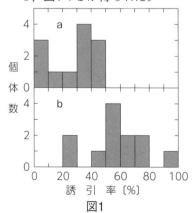

図1

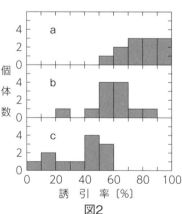

図2

実験3 実験2と同じ訓練を1日1回，3日間続け，1週間後に誘引率を測ると図2のaが得られた。その後，バニラの匂い源のそばに砂糖水を，ペパーミントの匂い源のそばに食塩水を置いて1回だけ味を経験させる「逆訓練」を行って，1日後に誘引率を測ると図2のbが得られた。この「逆訓練」を1日1回3日間続けたところ，図2のcが得られた。

図1と図2に関する記述として最も適当なものを，次の①～④のうちから一つ選べ。

① 図1のaでは，ペパーミントの匂い源を訪れたゴキブリはいない。

② 図1のbでは，すべての個体がペパーミントの匂い源を訪れている。

③ 図2より，たった1回の味の経験では，半数以上の個体は誘引率を変化させないことがわかる。

④ 図2のbでは，バニラよりペパーミントの匂い源をより長く訪れたゴキブリは半数以下である。

（センター試験　本試験・改）

これも読めば解ける問題ですので，読解の訓練をするための問題として掲載しました。

実験としては下の図のようなイメージになります。

ペパーミントの匂い源　　　　　　　　　　　バニラの匂い源

どっちに行こうかなぁ…　　カサカササカサ…

測定したのは，匂い源を訪問していた時間のうちで，ペパーミントの匂い源に訪問していた時間の割合（誘引率）ですので，誘引率が大きいということはペパーミントの匂い源に，より長い時間滞在したということですね。図1のaから何がわかるんでしょうか？

みんな誘引率が50%以下！
ゴキブリはバニラの匂いのほうが好きなんだと思います。

読み取りとしては正しいよ！　じゃあ，ペパーミントの匂い源を訪れたゴキブリは何匹いるかな？

……いますか？

「ペパーミントの匂い源を訪れている時間のほうが短い」という情報がいつの間にか「ペパーミントの匂い源を訪れない」と情報変換されてしまうことがあるようです。**「多い or 少ない」は「100% or 0%」ではありません！**

誘引率10%であっても，10%の時間はペパーミントの匂い源を訪れているわけですよ。このことを理解できればこの問題は解けます♪　それでは，各選択肢を吟味してみましょう。

図1のaの誘引率10%以下の3匹を仮に誘引率0%だとしても，<u>全12匹中9匹は絶対にペパーミントの匂い源を訪れているので，①は**誤り**です！</u>　同様に考えると，図1のbの場合，<u>全個体が多かれ少なかれペパーミントの匂い源を訪れているので，②が**正しい**記述となります。</u>

図2のaとbを比較して……，<u>図2のbで誘引率が20〜30%の1匹，40〜50%の1匹，さらに50〜60%の3匹，60〜70%の2匹の合計7匹は，少なくとも図2のaの状態から誘引率を変えていますので，③も**誤り**となります。</u>

さらに，図2のbでは10匹がペパーミントのにおい源をより長く訪れており，④も**誤り**です。

例題29の解答　②

本当はバニラの匂いのほうが好きなんだけど…，
さっきペパーミントの匂い源に砂糖があったしなぁ…，
次もペパーミントの匂い源に行ってみようかな〜

カサカサカサ……

例題 **30**　(思) (標準) (3分)

　ヒトの皮膚や消化管などの上皮は，外界からの菌などの異物の侵入を物理的・化学的に防いでいるが，その防御が破られると体内に異物が侵入する。樹状細胞などがその侵入した異物を分解し，ヘルパーT細胞に抗原情報として伝えると，適応免疫（獲得免疫）がはたらく。抗原の情報を受け取ったヘルパーT細胞は，同じ抗原を認識するキラーT細胞を刺激して増殖させる。自分とは異なるMHC抗原 * をもつ他人の皮膚が移植されると，<u>キラーT細胞がその皮膚を非自己と認識して排除し，移植された皮膚は脱落する。</u>

*MHC抗原：細胞の表面に存在する個体に固有のタンパク質で，自身のものでないMHC抗原
　　　　　をもつ細胞は非自己として認識される。

下線部に関連して，MHC 抗原が異なる 3 匹のマウス X，Y，および Z を用いて皮膚移植の実験計画を立てた。マウス X と Y には生まれつき T 細胞が存在せず，マウス Z には T 細胞が存在する。また，マウスもヒトと同様の細胞性免疫機構によって，非自己を認識して排除することが知られている。これらのことから，予想される実験結果に関する記述として最も適当なものを，次の①〜④のうちから一つ選べ。

①　マウス X の皮膚をマウス Y に移植すると，拒絶反応により脱落する。
②　マウス Y の皮膚をマウス Z に移植すると，拒絶反応により脱落する。
③　マウス Z の皮膚をマウス X に移植すると，拒絶反応により脱落する。
④　マウス Z の皮膚をマウス Z に移植すると，拒絶反応により脱落する。

（センター試験　追試験）

 知らない用語にビビッてはいけない！　必ず何とかなる！

　この問題のルールは「自分と異なる MHC 抗原をもつ個体の皮膚が移植されると拒絶する」ということですね。

マウス X，Y，Z はみんな異なる MHC 抗原をもつので，皮膚移植をすると拒絶反応が起こりますね！

　条件はよ〜く読もう！　マウス X と Y は T 細胞をもたないんですよ！　ということは，これらのマウスに他個体の皮膚を移植しても拒絶反応をすることはできません。つまり，①と③は問答無用の**誤り**の文章です！
　次に④をよ〜く読んでみてください！　マウス Z にマウス Z の皮膚を移植している。移植した皮膚は自分の皮膚です。ということは，拒絶反応は起こらないので，④も**誤り**ですね。　マウス Z は T 細胞をもっているので，自分と異なる MHC 抗原をもつマウス Y の皮膚を移植されると，拒絶反応が起こります。

例題30の解答　②

第 **6** 章

「考察力」をアップするスペシャル講義

例題 31

ウイルス W が感染したすべてのマウスは，10日以内に死に至ることがわかっている。ウイルス W を無毒化したものを注射してから2週間経過した正常マウス（以下，マウス R），好中球を完全に欠いているマウス（以下，マウス S），および B 細胞を完全に欠いているマウス（以下，マウス T）を用意し，次の**実験1〜3**を行った。下の記述ⓐ〜ⓕのうち，**実験1〜実験3**でそれぞれのマウスが生存できたことについての適当な説明はどれか。その組合せとして最も適当なものを，後の①〜⑧のうちから一つ選べ。

実験1　マウス R に無毒化していないウイルス W を注射したところ，このマウスは生存できた。

実験2　マウス S に，マウス R の血清を注射した。その翌日，さらに無毒化していないウイルス W を注射したところ，このマウスは生存できた。

実験3　マウス T に，ウイルス W を無毒化したものを注射した。その2週間後に，さらに無毒化していないウイルス W を注射したところ，このマウスは生存できた。

ⓐ　**実験1**では，ウイルス W の抗原を認識する好中球がはたらいた。

ⓑ　**実験1**では，ウイルス W の抗原を認識する記憶細胞がはたらいた。

ⓒ　**実験2**では，ウイルス W の抗原に対する抗体がはたらいた。

ⓓ　**実験2**では，ウイルス W の抗原を認識する記憶細胞がはたらいた。

ⓔ　**実験3**では，ウイルス W の抗原に対する抗体がはたらいた。

ⓕ　**実験3**では，ウイルス W の抗原を認識するキラー T 細胞がはたらいた。

① ⓐ, ⓒ, ⓔ　　② ⓐ, ⓒ, ⓕ　　③ ⓐ, ⓓ, ⓔ
④ ⓐ, ⓓ, ⓕ　　⑤ ⓑ, ⓒ, ⓔ　　⑥ ⓑ, ⓒ, ⓕ
⑦ ⓑ, ⓓ, ⓔ　　⑧ ⓑ, ⓓ, ⓕ

（センター試験　本試験）

実験もいっぱい，選択肢もいっぱい……

確かにそうだけど，選択肢をよく見てごらん。各実験について2択問題が3

つ並んでいるだけでしょ？　そう思えば，複雑ではないよね。**選択肢を見て戦略を練るっていうのも重要なんだよ。**

　さて，マウス R は免疫系について何の異常もありませんので，ウイルス W を無毒化したもの（←ワクチンですね！）を注射された際に，<u>活性化したリンパ球が記憶細胞となって体内に存在しています。</u>よって，**実験1では記憶細胞によってウイルス W に対して二次応答をすることができたため，マウス R が生存できた**と考えられます。

　次は，**実験2**です。マウス R の血清には注射されたワクチンに対して産生された抗体が存在しています。よって，**マウス S はウイルス W に対する抗体を投与された状態になっており，この抗体がウイルス W を無毒化できたため，生存できた**と考えられます。

抗体を投与して異物を排除したということは，
血清療法っぽいイメージですね。

　そういうことです。そして，**実験3**です。マウス T は B 細胞をもっていませんので，抗体を産生することはできませんよ！　しかし，マウス T にワクチンを注射した際に T 細胞は活性化でき，記憶細胞になっています。よって，ウイルス W を注射された際に，記憶細胞になっている**キラー T 細胞の二次応答によって，ウイルス感染細胞がどんどん破壊され，マウス T が生存できた**と考えられます。

抗体をつくれないんだから ⓔ は誤り，という消去法でも OK だよ。

例題31の解答　ⓖ

第 **6** 章

「考察力」をアップする
スペシャル講義

例題 32

　動物の細胞は体外にとり出して培養することができる。一般に，正常な動物細胞を培養する場合には，グルコースやアミノ酸などの栄養素の他に，細胞の増殖に必要な物質を含んだウシの血清などを加えたものを培養液として用いる。

　ラットの胎児由来の細胞を用いて，以下のような実験を行った。

実験1　シャーレに栄養素のみの培養液，栄養素とウシの血清を2%または10%加えた培養液を入れ，それぞれに同じ数の細胞を加え，その後の増殖の様子を観察したところ，図1に示すような結果が得られた。

実験2　血清を10%含む条件下で，**実験1**と同様に培養し，増殖が止まった細胞の培養液を，血清を10%含んだ新しい培養液と取り替えると，細胞はさらに増殖した(図2中のx，y)。

実験3　**実験2**と同じ条件の操作をくり返したところ，新しい培養液と取り替えても細胞の増殖はみられなくなった(図2中のz)。

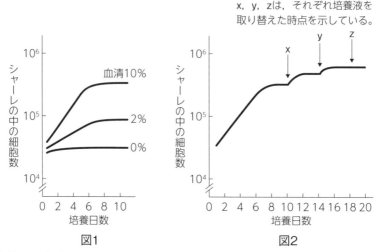

x，y，zは，それぞれ培養液を取り替えた時点を示している。

図1　　　　　　図2

実験4　**実験3**で増殖しなくなった細胞群を適当な処理で一つ一つになるように解離し，希釈して，血清を10%含む培養液を入れた新しいシャーレに移したところ，再び増殖を始めた。

問1 **実験1**と**実験2**の結果から考えて，**実験1**で細胞の増殖が止まったことに関する記述として最も適当なものを，次の①〜④のうちから一つ選べ。

① 血清が2%の条件で細胞の増殖が止まったとき，シャーレにはそれ以上細胞が増殖できる空間は残っていない。

② 血清が2%の条件で細胞の増殖が止まったとき，血清を10%含んだ新しい培養液と取り替えても，細胞の増殖はみられない。

③ 血清が10%の条件で細胞の増殖が止まったのは，シャーレにそれ以上細胞が増殖できる空間がなくなったためである。

④ 血清が10%の条件で細胞の増殖が止まったのは，血清中の増殖に必要な物質を使い切ったためである。

問2 前ページの**実験1**〜**実験4**の結果から考えられる記述として最も適当なものを，次の①〜④のうちから一つ選べ。

① 細胞は，培養液を取り替える操作をくり返すと，老化して増殖能力を失う。

② 細胞は，密度が高くなると，老化して増殖能力を失う。

③ 細胞は，密度が高くなると，血清中の増殖に必要な物質が十分にあっても増殖を停止する。

④ 細胞は，一つ一つになるように解離して新しいシャーレに移すと，血清中の増殖に必要な物質がなくても増殖を開始する。

（センター試験　本試験）

次から次へと考察問題が攻めてきますねぇ…（笑）

 伊藤先生が…，お腹空いてしんどそうにしています！　どうやったら伊藤先生は元気になると思いますか？　好きな音楽を聴いたら元気になりますか？

音楽を聴いてもだめですよ。お腹が空いているなら，ご飯を食べなきゃ。

第**6**章

「考察力」をアップするスペシャル講義

その通り！　**原因となっている条件を改善すれば，問題は解決する！**　当たり前のことなんだけど，このことを意識して問題を読んでいくとスッキリすると思います。

問1　**実験1**において，2％の血清を用いた場合，細胞数が約10^5個になる前のところで増殖が止まっています。しかし，10％の血清を用いた場合にはもっと細胞数が増えていますね。2％の血清を用いて細胞数が一定になったとき…，もう少し血清を加えてやれば，細胞は増殖できるんです。つまり，細胞数が一定になってしまった原因は「空間がなくなったから」ではなく「血清（←厳密には血清中の物質）がなくなったから」です。

また，**実験2**において10％の血清を用いて細胞数が一定になった際に，血清を追加すれば細胞数がまだ増加できています。ということは…，**実験1**で10％の血清を用いた場合もやはり血清がなくなったことが原因で細胞の増殖が止まったということです。

問2　**実験3**ではいよいよ「血清を追加してもこれ以上細胞数が増えない」という状態になります。つまり，血清がなくなったことが原因ではないというレベルまで細胞数が増えてしまったんですね。では，細胞数が増えなくなった原因は何でしょう？

> **実験4**の「増殖しなくなった細胞群を適当な処理で一つ一つになるように解離し，希釈して，血清を10％含む培養液を入れた新しいシャーレに移したところ，再び増殖を始めた」という実験結果がポイントのような気がします！

鋭いね！　**実験4**のこの実験結果から，①と②にあるような「細胞が老化して増殖できなくなっている」というわけではないということがわかります。希釈すれば再び増殖するんだから，**実験3**で細胞数が一定になった理由は「密度が高くなっていたこと」とわかりますね。そう，原因となっている条件を改善すれば，問題は解決する！

例題32の解答　問1　④　　問2　③

> 最後は共通テストで出題が増加していくであろう「**実験設計問題**」だ！　「○○を証明するためにはどのような実験を行えばよいでしょうか？」というタイプの問題の対策をしよう！

実験設計問題を攻略するためには，実験を読み取るタイプの問題（←共通テ

ストやセンター試験の過去問など)を丁寧に解くことが重要になります。ただ正解したかどうかではなく，問題をじっくり分析することです！

「この実験は何のために行ったのかな？」，「問題中の『なお，○○○であるものとする』という表現は何のために書かれているの？」，「実験のこの条件がないとどうしてダメなのかな？」というように，**実験について骨の髄までしゃぶりつくす**んです！

さらに，教科書に載っている探究活動も単に結果を覚えるのではなく，「何のための操作なのか？」，「なぜその順番で操作をするのか？」などまで検討しましょう！　ここでは実践的な問題を用いて実験設計問題の注意点やルールを教えていきます。

> 実験するのは好きだけど，実験問題は苦手…，がんばります!!

例題 33

　ネズミの甲状腺を除去し，10日後に調べたところ，除去しなかったネズミに比べて代謝の低下がみられた。また，血液中にチロキシンは検出できなかった。除去手術後5日目から，一定量のチロキシンを食塩水に溶かして5日間注射したものでは，10日後でも代謝の低下は起こらなかった。この結果から，チロキシンは代謝を高めるようにはたらいていると推論した。

　「チロキシンは代謝を促進する」という推論を証明するためには，他にも対照実験群を用意して比較観察する必要がある。最も必要と考えられる実験群を，次の①～⑤のうちから一つ選べ。

①　甲状腺を除去せず，チロキシンを注射しない群
②　チロキシン注射に加えて，除去手術後5日目に甲状腺を移植する群
③　除去手術後5日目から，この実験に用いた食塩水だけを注射する群
④　この実験に用いた食塩水と異なる種類の溶媒に溶かしたチロキシンを除去手術直後から注射する群

(センター試験　本試験)

第**6**章「考察力」をアップするスペシャル講義

どの群も必要に思えてしまいます……

　設問文だけを読んで，本当〜に「チロキシンは代謝を促進する」と断言できますか？　本当〜〜に，他の可能性はありませんか？　絶対に？　例えば…，「注射した食塩水がすごいはたらきをもっていた」とか，「注射の針が怖くて代謝が活性化した」とか！

「揚げ足取り」みたいですね。ちょっと性格が悪い感じがします！

　こういう**揚げ足取りみたいな仮説であっても，科学的に証明するためにはシッカリと潰しておかないといけない**んですよ！　科学というのはそういうものです！　そこで重要な実験が**対照実験**です。

　対照実験というのは，**実験において最も重要な要因を除いて，それ以外は全く同じにして行う実験**のことで，これを行うことで余計な可能性をことごとく吟味したり，潰したりすることができます。

　出題者は「チロキシンを食塩水に溶かして注射したら代謝は低下しなかった」という実験を根拠としています。この実験で最も重要な要因は…，「チロキシンが体内に入ったこと」ですね。よって，チロキシンが体内に入っていないこと以外は全く同じ実験を行えば OK です。そして，食塩水だけを注射して何も起こらないことを示せれば，「注射の針が…」なんていう仮説はことごとく否定することができます。

> **例題33の解答**　③

②や④のように，元の実験にない新たな操作を追加する実験は，一見すると意味がありそうだけど，仮説を検証するための対照実験にはならないんだ！

そりゃ〜痛かったよ！
でも痛かったから代謝が高まったわけではないんだ！
どうやったら信じてもらえるのかな？

対照実験するしかないかねぇ…？

思 やや難 3分

葉におけるデンプン合成には，光以外に，細胞の代謝と二酸化炭素がそれぞれ必要であることを，オオカナダモで確かめたい。そこで，次のページの処理Ⅰ～Ⅲについて，右の表の植物体A～Hを用いて，デンプン合成を調べる実験を考えた。このとき，調べるべき植物体の組合せとして最も適当なものを，後の①～⑨のうちから一つ選べ。

	処理Ⅰ	処理Ⅱ	処理Ⅲ
植物体A	×	×	×
植物体B	×	×	○
植物体C	×	○	×
植物体D	×	○	○
植物体E	○	×	×
植物体F	○	×	○
植物体G	○	○	×
植物体H	○	○	○

○：処理を行う，×：処理を行わない

処理Ⅰ　温度を下げて細胞の代謝を低下させる。
処理Ⅱ　水中の二酸化炭素濃度を下げる。
処理Ⅲ　葉に当たる日光を遮断する。

① A，B，C　　② A，B，E　　③ A，C，E
④ A，D，F　　⑤ A，D，G　　⑥ A，F，G
⑦ D，F，H　　⑧ D，G，H　　⑨ F，G，H

（共通テスト　試行調査）

まず，実験の目的を確認しないと，どの実験をやったらいいのかわかりませんね。実験の目的は何だっけ？

デンプン合成に細胞の代謝と二酸化炭素が必要かどうかです。

甘～～いっ（>．<）！
「光以外に」を読み落としとるやん！　本問の実験の目的としては，「デンプン合成（＝光合成）に光が必要なことはもうわかっている！　その上で，細胞の代謝と二酸化炭素が必要なことを証明したい!!」でしょ。

じゃぁ，「日光を遮断する」なんていう実験はやる必要がないんですね！　そうすると，植物体 B・D・F・H は実験する必要がないので……　B・D・F・H が入っている選択肢を消していくと，あれ？　あれれ〜？　先生っ！　③しか残らないです!!

　問題の解き方としては理想的です。OK ですよ！　一応，正解の選択肢を吟味してみましょう。ここでポイントになるのは…「**条件が 1 つだけ違う実験どうしを比べることが大事**」という実験の大原則です。

　例えば，植物体 A と植物体 G を比べてみましょうか。どうですか？　植物体 A は順調にデンプン合成をして，植物体 G はデンプン合成ができなかったとします。植物体 G がデンプン合成をできなかった原因は？

代謝が低下したことが原因なのか，二酸化炭素が少ないことが原因なのか判断できませんね！

　では，植物体 A と植物体 C を比べましょう。植物体 C がデンプン合成をできなかったとすると……

二酸化炭素濃度が高いか低いかの違いしかありませんから，二酸化炭素不足が原因ですね！

　対照実験もそうなんだけど，注目している条件だけが異なる実験を比べることで，原因を調べることができるんだね。これは，実験を解釈するタイプの問題にも応用できる発想です！

例題34の解答　③

では，次の例題行ってみよう！

ニワトリの肝臓に含まれる酵素の性質を調べるために，過酸化水素水にニワトリの肝臓片を加えたところ，酸素が盛んに泡となって発生した。この結果から，ニワトリの肝臓に含まれる酵素は，過酸化水素を分解し酸素を発生させる反応を触媒する性質をもつことが推測される。しかし，酸素の発生が酵素の触媒作用によるものではなく，「何らかの物質を加えることによる物理的刺激によって過酸化水素が分解し酸素が発生する」という可能性 [1]，「ニワトリの肝臓片自体から酸素が発生する」という可能性 [2] が考えられる。可能性 [1] と [2] を検証するために，次の ⓐ～ⓕ のうち，それぞれどの実験を行えばよいか。その組合せとして最も適当なものを，後の①～⑨のうちから一つ選べ。

ⓐ　過酸化水素水に酸化マンガン(Ⅳ)* を加える実験
ⓑ　過酸化水素水に石英砂** を加える実験
ⓒ　過酸化水素水に酸化マンガン(Ⅳ)と石英砂を加える実験
ⓓ　水にニワトリの肝臓片を加える実験
ⓔ　水に酸化マンガン(Ⅳ)を加える実験
ⓕ　水に石英砂を加える実験

　* 酸化マンガン(Ⅳ)：「過酸化水素を分解し酸素を発生させる反応」を触媒する。

　** 石英砂：「過酸化水素を分解し酸素を発生させる反応」を触媒しない。

	可能性[1]を検証する実験	可能性[2]を検証する実験
①	ⓐ	ⓓ
②	ⓐ	ⓔ
③	ⓐ	ⓕ
④	ⓑ	ⓓ
⑤	ⓑ	ⓔ
⑥	ⓑ	ⓕ
⑦	ⓒ	ⓓ
⑧	ⓒ	ⓔ
⑨	ⓒ	ⓕ

(センター試験　本試験)

可能性[1]は「過酸化水素水に何かモノが入った衝撃で酸素が発生したんだろ！」という，まさに揚げ足取りだね。

> この仮説を否定するには，「何か入れただけで酸素は発生しないよ！」ということを示せばよい。ということは，ⓑを行って，酸素が発生しないことを示せばよいね。

　続いて，可能性[2]は「過酸化水素から酸素ができたんじゃないよ！　肝臓から酸素が出たんだよ！」という，なかなかスゴい仮説ですね。過酸化水素がない条件で肝臓片を入れて，酸素が発生しないことを示せば OK です。

例題35の解答　④

例題 36 思 標準 4分

　アフリカのセレンゲティ国立公園には，草原と小規模な森林，そして，ウシ科のヌーを中心とする動物群から構成される生態系がある。この国立公園の周辺では，18世紀から畜産業が始まり，同時に牛疫（ぎゅうえき）という致死率の高い病気がもち込まれた。牛疫は牛疫ウイルスが原因であり，高密度でウシが飼育されている環境では感染が続くため，ウイルスが継続的に存在する。そのため，家畜ウシだけでなく，国立公園のヌーにも感染し，大量死が頻発していた。1950年代に，一度の接種で，生涯，牛疫に対して抵抗性がつく効果的なワクチンが開発された。そのワクチンを，1950年代後半に，国立公園の周辺の家畜ウシに集中的に接種することによって，家畜ウシだけでなく，ヌーにも牛疫が蔓延（まんえん）することはなくなり，牛疫はこの地域から根絶された。そのため，図のようにヌーの個体数は1960年以降急増した。図には，牛疫に対する抵抗性をもつヌーの割合も示している。

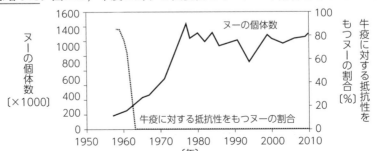

下線部に関連して，図のようにヌーの個体数が増加したため，餌となる草本の現存量は減少し，乾季に発生する野火が広がりにくくなった。また，野火は樹木を焼失させるため，森林面積にも影響していることがわかっている。牛疫は根絶が宣言されているが，もし何らかの理由で，牛疫がセレンゲティ国立公園において再び蔓延した場合，どのような状況になると予想されるか。次の記述ⓐ～ⓓのうち，合理的な推論を過不足なく含むものを，後の①～⑧のうちから一つ選べ。

　　ⓐ　ヌーの個体数は減少しない。　ⓑ　草本の現存量は減少する。
　　ⓒ　野火の延焼面積は増加する。　ⓓ　森林面積は減少する。

　①　ⓐ　　　　　②　ⓑ　　　　　③　ⓒ　　　　　④　ⓓ
　⑤　ⓑ, ⓒ　　　⑥　ⓒ, ⓓ　　　⑦　ⓑ, ⓓ　　　⑧　ⓑ, ⓒ, ⓓ

（共通テスト　本試験）

　ⓐから吟味しましょう！　ヌーの個体数が増加した後に牛疫が再び蔓延した場合，牛疫に対する抵抗性をもつヌーがいませんので，牛疫で多くのヌーが死んでしまうと考えられますので，ⓐは**誤り**ですね。

　ⓑ～ⓓは一気に吟味してしまいましょう。牛疫の蔓延でヌーの個体数が減少した場合の草本の個体数，野火の延焼面積，森林面積の変化を順につないでいきましょう。**草本を食べるヌーが減少すれば，草本は増えます**。すると，**野火が広がりやすくなり，樹木を焼失させることで，森林面積が減少する**と考えられます。

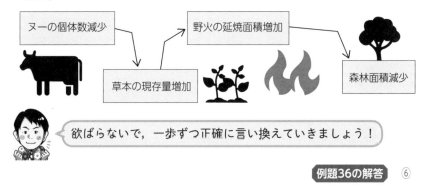

ヌーの個体数減少　→　草本の現存量増加　→　野火の延焼面積増加　→　森林面積減少

欲ばらないで，一歩ずつ正確に言い換えていきましょう！

例題36の解答　⑥

　さあ，最後の例題です！　選択肢の根拠となる情報を焦らず1つずつ探していきましょう。

　日本の中部地方のある山地では，過去300年にわたり，2年に1回，人為的に植生を焼き払う火入れを春に行った後，成長した植物の刈取りをその年の初秋に行う管理方法により，伝統的に草原が維持されてきた。近年になり，管理方法が変更された区域や，管理が放棄された区域もみられるようになった。表は，5つの区域（Ⅰ～Ⅴ）における近年の管理方法を示したものである。また次のページの図は，各区域内で初夏に観察されたすべての植物の種数と，そこに含まれる希少な草本の種数を調べた結果を示したものである。

表

区域	近年の管理方法
Ⅰ	2年に1回,火入れと刈取りの両方が行われている（伝統的管理）。
Ⅱ	毎年，火入れと刈取りの両方が行われている。
Ⅲ	毎年，刈取りのみが行われている。
Ⅳ	毎年，火入れのみが行われている。
Ⅴ	管理が放棄され，火入れも刈取りも行われていない。

注：火入れの時期は春，刈取りの時期は初秋である。

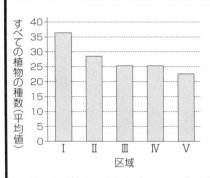
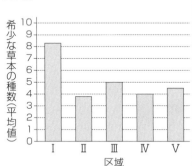

注：各区域内に調査点（1m×1m）を複数設置し，それぞれの調査点において観察された全ての植物の種数および希少な草本の種数を，平均値で示す。

図

　この山地における草原を維持する管理方法と観察された植物の種数について，表と図から考えられることとして最も適当なものを，次の①～④のうちから一つ選べ。

① 火入れと刈取りの両方を毎年行うことは，火入れと刈取りのどちらかのみを毎年行うことと比べて，すべての植物の種数における希少な草本の種数の割合を大きくする効果がある。

② 火入れを毎年行うことは，管理を放棄することと比べて，すべての植物の種数に加えて希少な草本の種数も多く保つ効果がある。

③ 伝統的管理を行うことは，火入れと刈取りの両方を毎年行うことと比べて，すべての植物の種数に加えて希少な草本の種数も多く保つ効果がある。

④ 管理を放棄することは，伝統的管理を行うことと比べて，すべての植物の種数における希少な草本の種数の割合を大きくする効果がある。

(共通テスト　本試験)

データも多いし，グラフも多いし，選択肢の文章も長い……

「うわ〜, 面倒くさいなぁ（涙）」は「1 つずつジックリ！」だよ！

　表と図を眺めていても先に進めません！　**選択肢を読んで，1つずつ丁寧に正誤判定していきますよ。**

　①は，「火入れと刈取りの両方を毎年行うこと」と「一方のみを毎年行うこと」の比較ですね。ということは，どれとどれを比べるんですか？

両方を毎年は……Ⅱです。一方のみ毎年は……ⅢとⅣですね。

　その通りです。そして，注目するのは，希少な草本の種数の割合ですね。希少な草本の種数は，Ⅱ＜Ⅲ，Ⅱ＜Ⅳですね。逆に，すべての植物の種数はⅡ＞Ⅲ，Ⅱ＞Ⅳなので，希少な草本の種数の割合はⅡ＜Ⅲ，Ⅱ＜Ⅳとわかります。火入れと刈取りの両方を毎年行うことで希少な草本の種数の割合は減っているので，①は**誤り**です。

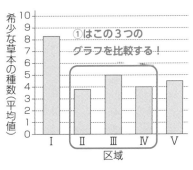

さぁ，②はどうかな？

火入れを毎年するⅣと管理を放棄するⅤについての比較です！

　その調子です。一つ一つは難しくない
よね。では，右のグラフを見てみよう。
希少な草本の種数について，管理を放棄
したⅤのほうがⅣよりも多くなってい
る。ということは，②の記述も**誤り**とわ
かりますね。

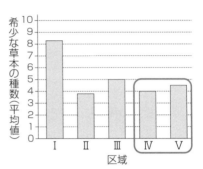

　続いて，③です！　「伝統的管理を行うことは，火入れと刈取りの両方を毎
年行うことと比べ」ということは，ⅠとⅡを比べるんですね。すべての植物の
種数を比べるとⅠのほうが多く，希少な草本の種数を比べてもⅠのほうが多い
ので，③は**正しい**記述です。

　念のため，④も検討してみましょう。「管理を放棄することは伝統的管理を
行うことと比べて」ということは，ⅠとⅤの比較です。すべての植物の種数は
ⅠとⅤでそれぞれ約36，約22.5，希少な草本の種数はそれぞれ約8.2，約4.5
なので，$\frac{8.2}{36}$ と $\frac{4.5}{22.5}$ を比較します。面倒な割り算をするのではなく，

$$\frac{4.5}{22.5} = \frac{1}{5} = \frac{7.2}{36} < \frac{8.2}{36}$$

という感じで，36÷5＝7.2程度の暗算のみで大小の評価をできるようにしま
しょう。この不等式から④も**誤り**であることがわかります。④は**誤り**となりま
す。

　　　　　　　　　　　　　　　　　　　　　　　　例題37の解答　③

　例題37のように，面倒くさい問題も出題されますが，落ち着いて1つずつ検
討していけば必ず解けます！　だから，共通テストでは「素早く解く」という
ことが大事になります。時間をかけて落ち着いて取り組めば解ける問題であっ
ても，残り時間がわずかな状態や焦っている状態ではパニックになってしま
い，解けなくなっちゃいます。
　共通テストについては，**ササっと解ける問題に対しては無駄な時間をかけず**

に解くこと。そして，この**例題37のような問題にジックリと取り組める時間を確保すること**がポイントになります。

　これが，僕からの最後の大事なアドバイスです！　さぁ，共通テスト本番での高得点を目指して日々精進!!

はい，がんばります！

さくいん

本書の重要語句を中心に集めています。

伊藤　和修（いとう　ひとむ）
　駿台予備学校生物科専任講師。
　派手なシャツを身にまとい、小道具（ときに大道具）を用いて行われる授業のモットーは「楽しく正しく学ぶ」。毎年「先生の授業のおかげで生物が好きになった」という学生の声が多く寄せられる。また、高等学校教員を対象としたセミナーなども多くこなしている。
　著書は『大学入学共通テスト　生物の点数が面白いほどとれる本』『大学入試　ゼロからはじめる　生物計算問題の解き方』『直前30日で9割とれる　伊藤和修の　共通テスト生物基礎』『大人の教養 面白いほどわかる生物』（以上、KADOKAWA）、『生物の良問問題集[生物基礎・生物]　新装版』(旺文社)、『体系生物』(教学社）など多数。

かいていばん　だいがくにゅうがくきょうつう
改訂版　大学入学共通テスト
せいぶつきそ　てんすう　おもしろ　ほん
生物基礎の点数が面白いほどとれる本
0からはじめて100までねらえる

2020年 6月26日　初版　第1刷発行
2024年 5月28日　改訂版　第1刷発行

著者／伊藤　和修

発行者／山下　直久

発行／株式会社KADOKAWA
〒102-8177　東京都千代田区富士見2-13-3
電話 0570-002-301(ナビダイヤル)

印刷所／図書印刷株式会社
製本所／図書印刷株式会社

●お問い合わせ
https://www.kadokawa.co.jp/（「お問い合わせ」へお進みください）
※内容によっては、お答えできない場合があります。
※サポートは日本国内のみとさせていただきます。
※Japanese text only

定価はカバーに表示してあります。